Frank-Michael Rommert

Ordnung ohne Stress

Frank-Michael Rommert produziert Sach- und Fachbücher. Er ist Verleger der Bücher zur UPTODATE-Offensive für erfolgreiche Unternehmensführung im Handwerk.

In seiner Branche wird nach wie vor viel Papier bewegt: Ideen, Manuskripte, Fotos, Illustrationen, Verträge, Briefe – all diese Unterlagen müssen organisiert werden. Bei der Recherche nach leistungsfähigen Organisationsmitteln stieß er auf MAPPEI – bis heute fast ein Geheimtipp. Das vorliegende Buch ist eine Art Bedienungsanleitung, die der Autor aus der Sicht eines Anwenders verfasste.

www.ordnung-ohne-stress.de

Frank-Michael Rommert

Ordnung ohne Stress

Der Effizienzvorsprung im Büro mit der MAPPEI-Methode

GABAL

Weitere Informationen zum Thema dieses Buches finden Sie unter:
www.ordnung-ohne-stress.de

Bibliografische Information der Deutschen Nationalbibliothek

Die Deutsche Nationalbibliothek verzeichnet diese Publikation in der Deutschen Nationalbibliografie; detaillierte bibliografische Informationen sind im Internet über http://dnb.d-nb.de abrufbar.

ISBN 978-3-86936-051-5

Umschlaggestaltung: Martin Zech Design, Bremen | www.martinzech.de
Illustration S. 50: Annette Schulze-Kremer, B-4730 Raeren
Druck und Bindung: Westermann Druck Zwickau GmbH, Zwickau

Über aktuelle Neuerscheinungen und Veranstaltungen informiert Sie der GABAL-Newsletter unter www.gabal-verlag.de

Inhalt

FAQ **7**

Finden Sie heraus, wo Sie stehen **10**

Der Effizienzvorsprung im Büro 13
Alles kalter Kaffee? **14**
Eine kleine Aktenkunde **18**
Sie gewinnen Zeit **25**
Sie gewinnen Raum **33**
Sie werden flexibler **40**
Freier Schreibtisch, freier Kopf –
Ordnung wirkt sich auch mental aus **47**
MAPPEI unterstützt die Arbeit im Team **55**
Und wie sieht es mit den Kosten aus? **62**
Risiken und Nebenwirkungen **66**

Teil I: Die Instrumente 73
Ordnungsmappen **75**
Reiter **92**
Ordnungsboxen **102**
Zubehör **112**

Teil II: So funktioniert es – MAPPEI im Einsatz 119
Nützliche Prinzipien und Gewohnheiten **120**
Tipps für Ihren Arbeitsplatz **135**
Nutzen Sie eine funktionstüchtige Wiedervorlage **141**
Differenzieren Sie Ihre Ablage bei Bedarf **146**
Nutzen Sie MAPPEI für Ihr Zielmanagement **152**
Vorteile im Archiv **158**
Ordnung ohne Stress – Einblicke **160**

Teil III: Von anderen lernen – Beispiele aus der Praxis 163
Sekretariat **165**
Außendienstmitarbeiter **168**
Rechtliche Betreuung **174**
Vortragsmanagement **180**
Personalverwaltung **183**
MAPPEI im gesamten Unternehmen **188**
MAPPEI im Privatleben **197**

Teil IV: Tipps für den Start 203
Durchdenken und dokumentieren Sie die Ausgangssituation **204**
Erarbeiten Sie einen Aktensystemplan **206**
Lagern Sie das Material auf sinnvolle Weise **212**
Gedanken zum Ausklang **215**

Stichwortverzeichnis **218**

Danke! **221**

Tipps zum Weiterlesen **223**

Um das Lesen zu erleichtern, verwende ich in diesem Buch meist die männlichen grammatikalischen Formen. Alle Leserinnen möchte ich mit den Ideen und Informationen gleichermaßen ansprechen.

FAQ

■ ***»Für wen ist dieses Buch geeignet?«***

Für *alle, die täglich mit Papieren umgehen,* die sie mehrfach benötigen – auch nach längerer Zeit.
Für *Chaoten,* denen Papierkram extrem auf die Nerven geht – der in diesem Buch beschriebene Ansatz verschafft ihnen Überblick und bringt Ruhe in ihre Abläufe.
Für *Ordnungsfans* – für sie dürfte die Welt der MAPPEI-Organisationsmittel so etwas wie das Paradies sein.

■ ***»Behindert eine gute Ordnung nicht die Kreativität?«***

Im Gegenteil – eine gute Ordnung unterstützt kreative Prozesse. Sie können sich besser auf Ihre Ideen konzentrieren, wenn Sie nicht andauernd dadurch abgelenkt werden, dass Sie etwas suchen müssen. Denken Sie an einen Sterne-Koch. In seiner Küche herrscht kein Chaos und trotzdem ist er kreativ. Alle nötigen Utensilien sind klar und sinnvoll angeordnet und mit einem Griff zur Hand. Eine durchdachte Ordnung ist daher auch ein Merkmal von Professionalität und hilft Ihnen dabei, Ihre Ziele zu erreichen.

■ ***»Muss ich mein komplettes Büro umstellen?«***

Nein. Es reicht, wenn Sie beispielsweise mit der Wiedervorlage beginnen. Sie können zudem bei allen neuen Aufgaben und Projekten mit MAPPEI arbeiten. Wenn Sie jedoch Platz im Archiv gewinnen möchten, kann es sinnvoll sein, auch ältere Unterlagen den Aktenordnern oder Hängemappen zu entnehmen und mit Ordnungsmappen zu organisieren.

»Ist es überhaupt noch zeitgemäß, über ein Ablagesystem für Papier nachzudenken? Wir haben vor, unsere Dokumente elektronisch zu verwalten.«

Es gibt Unterlagen, bei denen sich das Digitalisieren nicht lohnt. Denken Sie an Broschüren. Ein anderes Beispiel sind Bewerbungsunterlagen, die anfallen, wenn eine neue Stelle zu besetzen ist. Bei solchen temporären Akten werden die Papiere nur gebraucht, bis eine Entscheidung getroffen wurde. Es gibt auch Papiere nicht temporärer Natur, die im Original und nicht nur elektronisch aufbewahrt werden sollten, etwa Versicherungsunterlagen. Solange es Kopierer und Drucker gibt, müssen Papiere intelligent organisiert werden, und so lange ist das Nachdenken über ein gutes System auch zeitgemäß.

»Wenn ich mir die Fotos anschaue und die vielen geordneten Mappen ansehe: Ist es nicht unglaublich aufwendig, diese Ordnung herzustellen?«

Nein, im Gegenteil. Die Ordnung entsteht »automatisch«, wenn Sie bei einem Vorgang eine neue Mappe anlegen und in die Ordnungsbox einstellen. Die Sofort-Ordnung ist damit ein Effekt, der sich durch die Anwendung der MAPPEI-Methode nebenbei ergibt.

»Die Akten sollen kleinteilig, in vielen Mappen organisiert werden. Ist das nicht ziemlich teuer?«

Das kommt darauf an. Wenn Sie als Einzelkämpfer viel Zeit und Platz haben, mit Ihren herkömmlichen Organisationsmitteln zufrieden sind, Sie Stapel auf dem Schreibtisch nicht als lästig empfinden und es nicht besonders dramatisch ist, wenn Sie immer wieder mal länger nach Schriftstücken suchen müssen oder Papiere auch gelegentlich nicht mehr auffindbar sind, dann sollten Sie sich anderen Herausforderungen zuwenden. Wollen Sie jedoch Suchzeiten beseitigen und Ihre Zugriffszeiten verringern, wollen Sie nicht mehr Raum (und Möbel!) als nötig für die Aufbewahrung von Akten bezahlen oder müssen sich Kollegen im Rahmen von Vertretungsregelungen untereinander in den Papieren zurechtfinden, kommen Sie per Organisation mit Einstellmappen deutlich günstiger weg.

»Wenn die MAPPEI-Methode so genial ist, warum habe ich davon bis heute noch nichts gehört?«

Der Ursprung von MAPPEI liegt in einer Fabrik für Briefumschläge, die 1869 in Wuppertal-Elberfeld gegründet wurde. Die Firma nutzte das System zunächst, um die eigenen Unterlagen besser zu organisieren. Geschäftspartner fanden die Idee gut und begannen selbst, mit den Ordnungsmappen zu arbeiten. So verbreitete sich MAPPEI vor allem durch persönliche Kontakte. Als eigene Firma wurde MAPPEI 1965 ausgegliedert, doch das Prinzip, neue Kunden durch Empfehlungen zu gewinnen, blieb erhalten. Ausgaben für große Kommunikationskampagnen schienen nie sinnvoll, das Geschäft lief offenbar auch so nicht schlecht.

»Und was ist mit Classei?«

Classei ist eine Firma, die ebenfalls aus der erwähnten Fabrik für Briefumschläge hervorgegangen ist. Sie wurde 1979 von einem ehemaligen Geschäftsführer von MAPPEI gegründet. Vieles von dem, was in diesem Buch steht, gilt für die Produkte beider Unternehmen.

»Ich bin bereits MAPPEI-Anwender. Ist das Buch für mich trotzdem sinnvoll?«

Mit den Organisationsmitteln von MAPPEI verfügen Sie über eine breit gefächerte Palette an Werkzeugen für Ihre Büroaufgaben. Doch wissen Sie auch, wie Sie diese Werkzeuge optimal einsetzen? Dieses Buch enthält eine Fülle von Ideen und Praxisbeispielen. Es zeigt, wie Sie die Potenziale der MAPPEI-Produkte noch besser ausschöpfen können.

»Was haben die sechsstelligen Nummern zu bedeuten, die hier und da im Buch zu sehen sind?«

Dieses Buch ist eine Art Gebrauchsanweisung aus Sicht eines Anwenders. Da MAPPEI eine Vielfalt an Produkten bietet, ist es häufig nicht leicht, im Text exakt zu benennen, um welches Produkt es sich im Einzelfall handelt. Um die gewählte Lösung zu verstehen, ist jedoch Klarheit notwendig. Aus diesem Grund ist in vielen Fällen hinter den Produkten in Klammern die sechsstellige Artikelnummer angegeben – sie präzisiert die Angaben und erleichtert die Orientierung im MAPPEI-Programm.

Ein Selbsttest

Finden Sie heraus, wo Sie stehen

Bevor Sie dieses Buch lesen, können Sie den folgenden Selbsttest machen. Er verschafft Ihnen einen ersten Hinweis dazu, wie gut Sie organisiert sind und welche Potenziale es für Sie gibt, effizienter zu arbeiten.

Bitte kreuzen Sie Ihre Antwort an.

1. Termingebundene Unterlagen wie etwa eine Eintrittskarte habe ich immer mit einem Griff zur Hand, wenn sie gebraucht werden.	☐ Ja	☐ Nein
2. Meine Wiedervorlage stellt sicher, dass ich auch solche Papiere sofort griffbereit habe, wenn sie schon vor dem Termin gebraucht werden, etwa bei einer Nachfrage – selbst dann, wenn der Termin nicht bekannt ist.	☐ Ja	☐ Nein
3. Wenn ich eine Aufgabe bearbeite, habe ich nur die Unterlagen vor mir, die dazu nötig sind.	☐ Ja	☐ Nein
4. Was meine Aufgaben angeht, so behalte ich alle anstehenden Verpflichtungen stets im Blick.	☐ Ja	☐ Nein
5. Auf meinem Schreibtisch befinden sich keine Papierstapel.	☐ Ja	☐ Nein

6. Die von mir eingesetzten Organisationsmittel verbrauchen nur wenig mehr Platz als die darin aufbewahrten Papiere. Brutto- und Nettobedarf sind also annähernd gleich. □ Ja □ Nein

7. Suchzeiten tendieren an meinem Arbeitsplatz sowie in unserer Abteilung gegen null. □ Ja □ Nein

8. Wird eine aktuelle Akte benötigt, sind die Zugriffszeiten gering: Es handelt sich meist nur um Sekunden; in jedem Fall liegt die Zugriffszeit unter einer Minute. □ Ja □ Nein

9. Für die Organisation der Papiere gibt es in unserem Unternehmen praxistaugliche Standards. Diese stellen sicher, dass sich auch Kollegen in den Papieren eines Arbeitsplatzes zurechtfinden, etwa im Krankheitsfall oder bei der Urlaubsvertretung. □ Ja □ Nein

10. Die Standards ermöglichen es zudem, das gesuchte Papier rasch zu finden, auch wenn es in Unterlagen steckt, die mehrere Jahre alt sind. Dies trägt dazu bei, etwa bei Gewährleistungsansprüchen auf der sicheren Seite zu sein. □ Ja □ Nein

Auswertung:	Wie oft haben Sie »Ja« angekreuzt?
10-mal	Sie sind hervorragend organisiert – es muss klasse sein, mit Ihnen zu arbeiten! Sie sind darüber im Bilde, auf welche Techniken es ankommt. Ich würde Sie gern kennenlernen. Schreiben Sie mir an fm.rommert@ordnung-ohne-stress.de.
7- bis 9-mal	Sie wissen bereits einiges darüber, wie man ein Büro so organisiert, dass Sie mit den täglichen Aufgaben gut vorankommen und keine unnötigen Reibungsverluste entstehen. Wenn Sie dieses Buch aufmerksam durchlesen, werden Sie Impulse erhalten, spürbar schneller und konzentrierter zu arbeiten.
4- bis 6-mal	Bei Ihnen gibt es – wie bei vielen Menschen – eine Reihe von Themen, mit denen Sie sich näher befassen sollten. Dieses Buch könnte Ihnen dabei helfen, einen regelrechten Effizienzsprung im Büro zu erzielen, und zwar nachhaltig.
1- bis 3-mal	Bei Ihnen gibt es das größte Potenzial. Wenn Sie sich eingehend mit diesem Buch befassen und mit den Organisationsmitteln wie beschrieben arbeiten, werden Sie darüber erstaunt sein, was in Ihrem Büro alles möglich ist.

Ich empfehle Ihnen, den Selbsttest nicht nur zu lesen, sondern tatsächlich auszufüllen. Wenn Sie das Buch durchgelesen und die Organisation in Ihrem Büro umgestellt haben, können Sie den Selbsttest erneut ausfüllen und so Ihre Fortschritte beurteilen.

Der Effizienzvorsprung im Büro

Kapitel 1
Alles kalter Kaffee?

»Papier ist doch out!«

In Zeiten hoch entwickelter Informations- und Kommunikationstechnologien ist Papier doch out, mag mancher meinen. Welchen Sinn hat dann noch ein Buch über die Frage, wie Schriftstücke effizient organisiert werden können?

Wenn Ihr Schreibtisch so aussieht:

oder Ihr Unternehmen tatsächlich vollständig papierlos organisiert ist, dann können Sie dieses Buch getrost zur Seite legen oder einem Freund schenken.

Eine alte Idee: das papierlose Büro

Das papierlose Büro wurde bereits in den 30er-Jahren des 20. Jahrhunderts erdacht und in dem Artikel *As We May Think* beschrieben, und zwar von dem US-amerikanischen Ingenieur Vannevar Bush, der mit *Memex* eine Arbeitserleichterung für Geistesarbeiter schaffen wollte.

Manches wurde realisiert

Zwar sind manche von Bushs Ideen inzwischen realisiert worden wie etwa

- die Speicher- und Abrufmöglichkeiten multimedialer Daten,
- die Verknüpfung von Dokumenten und Medieninhalten durch Hyperlinks sowie
- die Vernetzung der persönlichen Arbeitsgeräte durch das Internet.

Das papierlose Büro bleibt meist ein Traum

Doch das papierlose Büro bleibt im Alltag der meisten Menschen bis heute nur ein Traum. Und selbst in Organisationen, in denen die Möglichkeiten der EDV sehr weitgehend genutzt werden, finden sich in der Regel große Mengen Papier, die traditionell verwaltet werden.

Es wird mehr Papier bedruckt

Der Einsatz von Computern bringt uns augenscheinlich dem papierlosen Büro nicht näher, sondern beschert uns eine noch größere Papierflut. Die Preise für Drucker und Kopierer sind heute vergleichsweise niedrig, die Geräte fast für jedermann erschwinglich geworden. Je problemloser bedrucktes Papier erzeugt werden kann, desto mehr wird auch produziert.

Je elektronischer das Büro, desto mehr Drucksachen

Dieser Trend wird durch weitere technologische Entwicklungen gestärkt: Per Offsetdruck führten nur größere Auflagen zu vertretbaren Stückkosten. Es musste gründlicher überlegt werden, ob eine Broschüre gesetzt und gedruckt wird. Durch den Digitaldruck können heute dagegen auch kleinste Auflagen kostengünstig hergestellt werden. Die Folge: Die Zahl der Drucksachen steigt massiv. Es scheint, als nähme die Menge gedruckter Informationen zu, je elektronischer das Büro wird.

Tonnagen wachsen

Dies bestätigen auch die jüngsten mir vorliegenden Zahlen des Verbandes Deutscher Papierfabriken. Sie belegen, dass sowohl die Mengen gestrichener Druckpapiere als auch die Tonnagen ungestrichener Druck- und Büropapiere im Vergleich zum Vorjahr um 4,5 Prozent gestiegen sind (Papier Kompass 2008). In Deutschland betrug der rechnerische Papierverbrauch (Produktion plus Import abzüglich Export) im Jahre 2007 übrigens etwa 256,4 kg pro Kopf.

Davon sind 47 Prozent, also knapp die Hälfte, grafische Papiere (den Rest bilden Verpackungen, Hygiene-Papiere sowie Spezialpapiere).

Die Komplexität nimmt zu

Vor zwei Generationen musste sich kaum jemand Gedanken über die Archivierung von Gebrauchsanweisungen und Garantiescheinen machen. Wer einen Fotoapparat hatte, besaß ihn meist ein Leben lang. Und im Büro machten sich nicht Fax-, E-Mail- und Posteingänge Konkurrenz. Zudem mussten nur wenige Menschen so viele unterschiedliche Projekte gleichzeitig managen, wie es heute der Normalfall ist.

Folgen für die Organisation

Wenn die Menge der Unterlagen steigt, hat dies freilich Folgen für die Organisation dieser wachsenden Menge an Dokumenten. Gefragt sind flexible und praktikable Hilfsmittel und Arbeitstechniken, die die Büroorganisation vereinfachen und auch umfangreichen und komplexen Vorgängen gewachsen sind.

Große Defizite

Solche Hilfsmittel und Arbeitstechniken sind jedoch offenbar nicht besonders weitverbreitet:

- Eine Erhebung des KAIZEN Institute aus dem Jahre 2004 offenbarte, dass 38 Prozent der Arbeitszeit durch unproduktive Tätigkeiten verloren gehen (vgl. »Lean Office Studie 2006« von Anna-Katharina Wittenstein und Michael Wesoly, Fraunhofer IPA, S. 18).
- Schätzungen gehen davon aus, dass nur 50 bis 60 Prozent der Arbeit im administrativen Bereich produktiv sind (ebd., S. 15).
- Ein prominentes Beispiel für Verschwendung am Arbeitsplatz ist die Suche nach dem richtigen Dokument. Sie gehört zu den Effizienzkillern der Büroarbeit (vgl. Umfrage »Lean Office« des Fraunhofer IPA vom September/Oktober 2003; www.schlanke-prozesse.de/data/Umfrageergebnisse_Lean Office.pdf)

Im 21. Jahrhundert ist die Herausforderung größer als je zuvor, Akten intelligent zu organisieren.

Entscheidende Kleinigkeiten

Ob das Tagesgeschäft flüssig von der Hand geht oder ob Sand im Getriebe ist, hängt oft genug von Kleinigkeiten ab. Zwar bricht aufgrund nicht sofort greifbarer Unterlagen nicht gleich der Umsatz ein, aber es kostet doch Zeit und Nerven. Der Zugriff sowie das Ablegen von Dokumenten werden oft als lästig und kräftezehrend empfunden. Die Folge: Die Stapel auf den Schreibtischen wachsen – und mit ihnen das Frustpotenzial.

Eine Revolution, die kaum jemand bemerkte

Kann es sein, dass eine Ursache darin zu sehen ist, dass die Wahl der Organisationsmittel nicht gut genug durchdacht war bzw. vor langer Zeit getroffen und nie hinterfragt wurde? Es hat längst eine Revolution stattgefunden, die den Büroalltag erleichtert. Nur hat es scheinbar bisher kaum jemand bemerkt. Auf vielen Schreibtischen sieht es so aus wie im folgenden Foto – und wer sich daran gewöhnt hat, findet das auch ganz normal.

Kapitel 2
Eine kleine Aktenkunde

Sperrige Begriffe

Bevor ich die gebräuchlichsten Ablagemethoden* genauer untersuche, werfe ich einen Blick auf die Organisationsmittel, die in Deutschland weitverbreitet sind. Die Begriffe, die in der Fachsprache üblicherweise verwendet werden, sind allerdings etwas sperrig. Wörter wie *Schriftgut* und entsprechend *Schriftgutbehälter* klingen ein wenig nach verstaubten Amtsstuben. Denkt man jedoch an die Optimierungspotenziale, verliert das Thema sofort jeden Hauch von Langeweile. Um keine Verwirrung zu stiften, benutze ich im Folgenden die etablierten Termini.

*Ablagen werden auch Registraturen genannt.

Liegende Ablage

Was unter den verschiedenen Schriftgutbehältern genau zu verstehen ist, wird in der DIN 821 (Teil 3, Ausgabe 3.1991) definiert. Es wird unterschieden zwischen Schriftgutbehältern für:

1. *liegende* Ablage: Die Aufbewahrungsmittel wie Aktendeckel, Mappe, Tasche, Hefter, Hefter mit Falz liegen dabei übereinander)

Beispiel: Mappe

2. *stehende* Ablage (Ordner, Stehsammler, Altablageordner, Altablageschachtel). Bei der stehenden Ablage gibt es zwei Möglichkeiten: Bei der *lateralen* Stehablage werden die Schriftgutbehälter *seitlich nebeneinanderstehend* aufbewahrt.

Laterale Stehablage

Laterale Stehablage mit Ordnern

Laterale Stehablage mit Stehsammler

Bei der *vertikalen* Stehablage stehen die Aufbewahrungsmittel *hintereinander.*

Vertikale Stehablage

Vertikale Stehablage mit Stehsammler sowie Einstellmappen.
Abgebildet ist eine Ordnungsbox mit Ordnungsmappen von MAPPEI.

Lateral hängende Ablage

3. *hängende* Ablage (Hängeordner, Hängehefter, Hängemappe, Hängetasche, Hängesammler). Auch bei der hängenden Ablage gibt es zwei Möglichkeiten: Bei der *lateralen* Hängeablage werden die Schriftgutbehälter *seitlich nebeneinander* aufbewahrt.

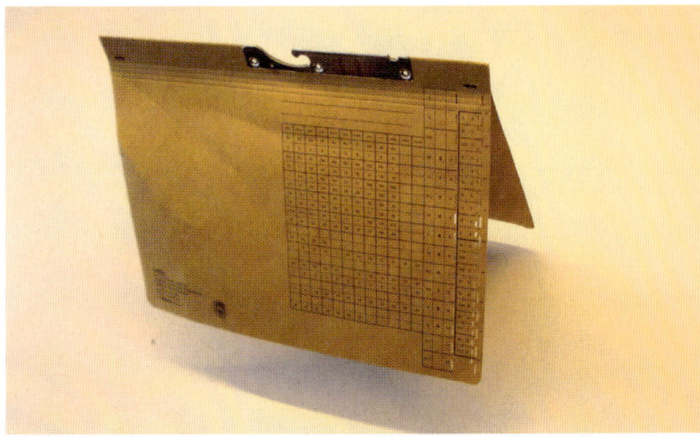

Lateraler Hängehefter für hängende Ablage (Pendelregistratur)

Vertikal hängende Ablage

Bei der *vertikalen Hängeablage* sind die Schriftgutbehälter *hintereinander* abgehängt.

Vertikal hängende Ablage (Hängeregistratur). Detail: vertikale Hängemappe

4. *wahlweise Verwendung* (Einstellmappe, Einstellhefter, Einhängehefter, Prospekthülle, Sichthülle).

Wahlweise Verwendung

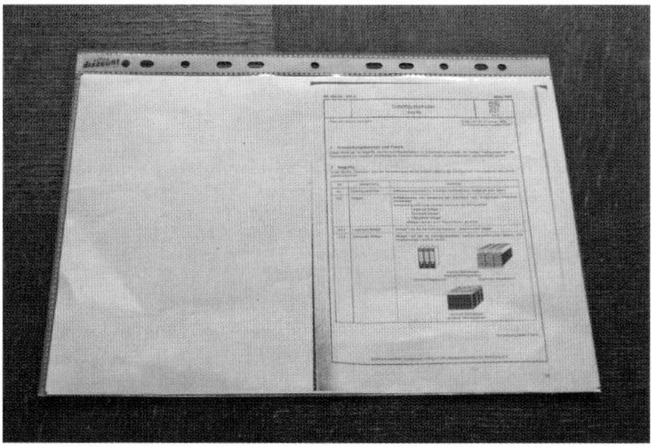

Prospekthülle mit Lochung, die das Einlegen in Hefter, Stehordner und andere Schriftgutbehälter mit Abheftmechanik ermöglicht

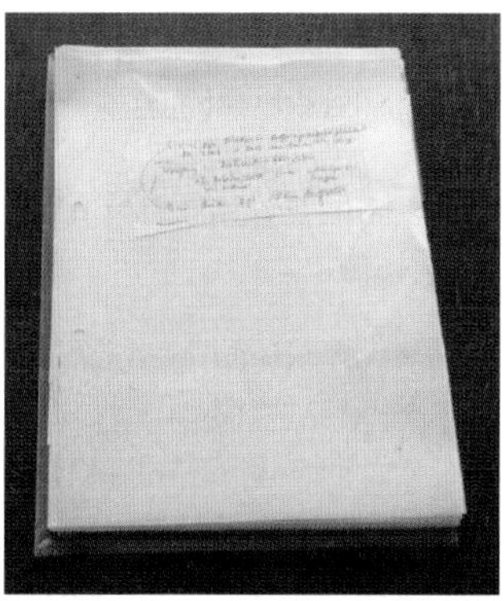

Sichthülle aus transparenter Folie, die oben und an einer Seite offen ist

Einstellmappen und -hefter werden von mehreren Herstellern angeboten. Die größte Produktvielfalt – kombiniert mit einem ausgeklügelten System an Zubehör – bietet nach meinen Recherchen die Firma MAPPEI. Die Produkte werden in Teil I: Die Instrumente ab Seite 73 gezeigt und beschrieben.

Weitere Bildbeispiele

Weitere Bildbeispiele finden Sie, wenn Sie die Begriffe im Internet in eine Bildersuchmaschine eingeben oder in einem auf Büromaterial spezialisierten Webshop suchen, beispielsweise bei www.leitz-profishop.de.

Normen für die Schriftgutverwaltung

Nicht nur für die Sprachregelung gibt es Normen, sondern auch für die Schriftgutverwaltung. Die wichtigste ist die ISO 15489, eine internationale Norm, die als DIN-Norm von Deutschland übernommen wurde. Sie definiert Regeln für nachvollziehbare Verwaltungs- und Geschäftsvorgänge. Es geht dabei um die »vorarchivische« Schriftgutverwaltung (engl.: *records management)* in Abgrenzung zur dauerhaften Archivierung (engl.: *records preservation*). Die Organisationsmittel von MAPPEI eignen sich für nicht nur für Privatanwender, sondern auch für Organisationen, die sich normkonform verhalten wollen oder müssen.

Typische Aufgaben im Büro

Die Organisationsmittel sollen die Arbeiten in einem Büro unterstützen und möglichst erleichtern. Welche Aufgaben sind häufig zu bewältigen? Typischerweise sind es die Folgenden:

- Sichten und Selektieren der eingehenden Papiere
- Kennzeichnung von Dokumenten zwecks eindeutiger Zuordnung
- Ablage von Dokumenten inklusive der Entscheidung hinsichtlich der Zuordnung sowie ggf. Doppelablagen bzw. Anlegen von Querverweisen
- Anlegen neuer Schriftgutbehälter
- Besorgen intern weitergegebener Akten (z. B. bei Kollegen oder Vorgesetzten)
- Zurechtfinden in Akten bei personellen Vertretungen (z. B. im Falle von Krankheit, Urlaub oder Dienstreisen)
- Vorsortierung von Unterlagen, die als Nächstes bearbeitet werden sollen
- Zugriff und Entnahme
- Suchen von Dokumenten, die nicht beim ersten Zugriff auffindbar sind
- Entleih- und Vollständigkeitskontrollen
- Sichtung von nicht mehr aktuellem Schriftgut
- Archivierung (Verlagerung in Altablage)
- Sichtung der Archive
- Vernichtung von Schriftgut nach Ablauf der gesetzlich vorgegebenen Aufbewahrungsfristen

Im und am System arbeiten

Bei den beschriebenen Aufgaben handelt es sich um Tätigkeiten *im* System. Wichtiger noch ist die Arbeit *am* System. Dazu gehört die Erarbeitung, Weiterentwicklung und Pflege des Ordnungs- bzw. Ablagesystems.

Kriterien für die Auswahl der Systeme

Bei der Auswahl geeigneter Ablagesysteme spielen in der Regel die folgenden Kriterien eine wichtige Rolle:

- *Zeit*
  - Können Sie in wenigen Sekunden ein neues Dokument ablegen?
  - Ist der Zugriff auf ein Dokument mit geringen bzw. ohne Suchzeiten möglich?
  - Lassen sich die Beschriftungen der Aktenbehälter schnell erfassen, sodass die Zugriffszeiten sehr gering sind?
- *Platz*
  - Stimmen Brutto- und Nettoplatzverbrauch eines einzelnen Schriftgutbehälters in etwa überein?
  - Wird beim Aufbewahren der Schriftgutbehälter kein Platz verschwendet – sowohl in der Höhe als auch in der Breite?
  - Wie sieht es mit den Möbeln aus, in denen die Schriftgutbehälter aufbewahrt werden: Können pro Möbelstück möglichst viele Akten aufbewahrt werden?
- *Flexibilität*
  - Ist es möglich, Akten rasch neu zu ordnen? Dies ist nicht nur für Anwender des »Getting Things Done«-(GTD-)Ansatzes zur Produktivitätssteigerung wichtig (mehr zu GTD erfahren Sie auf Seite 148ff.).
  - Dokumente werden auch über den Arbeitsplatz hinaus gebraucht – etwa im Home Office, beim Kunden oder unterwegs (auf Messen etc.). Unterstützt das Ordnungssystem die einfache Entnahme und Wiederablage der benötigten Akten?
- *Konzentration und Motivation*
  - Ermöglicht das Ablagesystem die *konzentrierte Bearbeitung* einzelner Vorgänge?
  - Sind beim Zugriff auf einzelne Dokumente keine Papiere im Blickfeld, die mit der aktuellen Aufgabe nichts zu tun haben und ablenken?
  - Macht der Umgang mit dem System Spaß?
- *Teamfähigkeit*
  - Unterstützt das Ablagesystem Prozesse, die über den Schreibtisch des einzelnen Mitarbeiters hinausgehen sowie Abteilungsgrenzen überschreiten?
  - Finden sich im Rahmen von Vertretungsregelungen auch Kollegen mit dem System zurecht?

- *Kosten*
  - Wie teuer sind die Organisationsmittel?
  - Welche Kosten verursacht das Ablagesystem unter Berücksichtigung der benannten Kriterien Zeit, Platz, Flexibilität, Konzentration und Motivation sowie Teamfähigkeit?

Wie die Organisationsmittel von MAPPEI mit Blick auf diese Kriterien abschneiden, erfahren Sie in den folgenden Kapiteln.

Kapitel 3
Sie gewinnen Zeit

Verwalten belastet

Verwalten bringt selbst keinen ökonomischen Nutzen – im Gegenteil: Es belastet und hält von der Bearbeitung der Kernaufgaben ab. Wie die Akten am Einzelarbeitsplatz und im gesamten Unternehmen abgelegt und organisiert werden, ist dem Kunden egal. Unternehmen, die zeitsparende Ansätze gefunden haben, sind damit im Vorteil.

Aufgaben, die Zeit kosten

Die Organisationsmittel von MAPPEI ermöglichen es, den Zeitbedarf im Umgang mit Akten zu reduzieren. Es sind folgende Aufgaben, die Zeit kosten – egal, mit welchem System Sie arbeiten:

- Anlegen einer neuen Akte
- Ablegen eines Vorgangs
- Zugriff auf einen bestimmten Vorgang
- Rückgriff auf ein bestimmtes Dokument eines Vorgangs

Anlegen einer neuen Akte

Neue Akte in knapp 30 Sekunden

Das Anlegen einer neuen Akte dauert mit MAPPEI weniger als 30 Sekunden. Um genau zu sein: Es sind 26,6 Sekunden. Diesen Wert ermittelte die Deutsche MTM-Vereinigung e.V. (www.dmtm.com) in ihrer Studie »Vergleich von verschiedenen Ablagetechniken/Ordnungsmitteln« vom 19. April 2007.

MTM-Vereinigung

Da die MTM-Vereinigung in diesem Kapitel noch häufiger erwähnt wird, kurz einige Worte zum Hintergrund. Bei den Werten der MTM-Vereinigung handelt es sich um die Zeiten, die ein durchschnittlich intelligenter Mensch benötigt, um dauerhaft ohne Ermüdung die jeweilige Aufgabe zu erledigen. MTM steht für *Methods-Time-Measurement*, was die Vereinigung selbst mit *Methodenzeit-Messung* übersetzt. »Methodenzeit« deutet schon an, dass die bei der Durchführung einer bestimmten Arbeit beanspruchte Zeit von der gewählten Methode der Tätigkeit abhängt. Kurz: Die Methode bestimmt die Zeit.

Anlegen neuer Schriftgutbehälter

Folgende Zeitwerte wurden für das Anlegen eines Schriftgutbehälters ermittelt:

- Anlegen einer MAPPEI-Einzelakte: 26,6 Sekunden
- Anlegen einer Hängemappe: 27,4 Sekunden
- Anlegen eines Hebelordners: 31,3 Sekunden

Noch kein Dokument abgelegt

Das Anlegen eines Ordnungsmittels beinhaltet dabei die einzelnen Tätigkeiten von der Aufnahme bis zur Beschriftung bzw. Kennzeichnung. Bei der Anlage wird noch kein Dokument abgelegt.

Für jeden Vorgang eine eigene Mappe

Die Zeitunterschiede fallen an dieser Stelle zuungunsten von MAPPEI ins Gewicht, da die MAPPEI-Methode am besten funktioniert, wenn für jeden Vorgang eine eigene Mappe angelegt wird. Das heißt beispielsweise bei 300 Vorgängen zu je fünf Dokumenten, die in drei Aktenordner à 500 Blatt passen würden, dass im Minimalfall nur drei Ordner anzulegen sind (= 1,6 Minuten). Dagegen müssen 300 Organisationsmappen angelegt werden (= 133 Minuten). Dies geschieht natürlich nicht an einem Tag, sondern immer nur dann, wenn ein neuer Vorgang auf den Tisch kommt.

Ablage eines Vorgangs

Zwei Varianten

Bei der Ablage eines Vorgangs sind zwei Varianten zu unterscheiden:

1. Ablegen des ersten Vorgangs in einen gerade angelegten Schriftgutbehälter.
2. Ablage von weiteren Vorgängen in einen bestehenden Schriftgutbehälter, der vor der Ablage gesucht und aufgenommen werden muss. Dies betrifft nur Hängemappen und Hebelordner, denn Kern der MAPPEI-Methode ist es, dass jeder Vorgang in eine eigene Organisationsmappe kommt.

Für die Ablage eines Vorgangs wurden folgende Zeitwerte ermittelt:

Zeitbedarf für die Ablage

- Ablage MAPPEI-Einzelakte: 13,1 Sekunden
- Ablage Hängemappe Sammelakte (1. Vorgang je Buchstabe): 18,0 Sekunden
- Ablage Hängemappe Sammelakte (weitere Vorgänge): 29,2 Sekunden
- Ablage Hebelordner (1. Vorgang je Ordner): 32,6 Sekunden
- Ablage Hebelordner (weitere Vorgänge): 46,6 Sekunden

Mehrere Vorgänge pro Ordner

In den Hängemappen und Hebelordnern werden mehrere Vorgänge abgelegt. Es würde viel zu viel Platz verbrauchen, wenn für schlanke Vorgänge jeweils eine eigene Hängemappe oder ein eigener Hebelordner genutzt würde. Im Extremfall ist einem Vorgang ja nur ein einziges Dokument zugeordnet.

Zugriff auf einen bestimmten Vorgang

Ablage einzelner Dokumente

Unter »Zugriff« auf einen bestehenden Vorgang wird das Hinzufügen weiterer Dokumente zu einem Vorgang verstanden. Zur Verdeutlichung: Während es bei der Ablage um einen ganzen Vorgang geht, der abzulegen ist, wird beim Zugriff dagegen nur ein einzelnes Dokument abgelegt, und zwar eines, das zu einem bereits bestehenden Vorgang gehört.

Zeitbedarf für Zugriffe

Die von der MTM-Vereinigung ermittelten Zugriffszeiten sehen folgendermaßen aus:

- Zugriff auf eine MAPPEI-Einzelakte: 20,0 Sekunden
- Zugriff auf eine Hängemappe: 37,1 Sekunden
- Zugriff auf einen Hebelordner: 56,0 Sekunden

Schneller als bei Hängemappen

Vielleicht fragen Sie sich, warum der Zugriff bei einer Hängemappe länger dauert als bei einer MAPPEI-Einzelakte. In beiden Fällen muss ja einfach nur der richtige Schriftgutbehälter gesucht werden, um abschließend das Dokument einzufügen. Ein Grund: Bei der MAPPEI-Akte ist der Reiter farbcodiert und mit System positioniert (z. B. alphabetisch versetzte Sortierung). Das Identifizieren der richtigen Akte sowie das spätere Wiedereinstellen sind somit ohne Suchaufwand möglich.

Rückgriff auf ein bestimmtes Dokument in einer Akte

An ein Dokument gelangen

Mit »Rückgriff« ist der Arbeitsablauf gemeint, der notwendig ist, um an ein bestimmtes Dokument eines Vorgangs zu gelangen. Es findet hier kein Abheften statt, sondern nur eine Informationsaufnahme.

Mit Ordnern: Rückruf nötig

Die erfolgreich bestandene Nagelprobe des MAPPEI-Systems steht für mich im engen Zusammenhang mit der Möglichkeit schneller Rückgriffe. Bei einem komplexen Buchprojekt musste ich schriftliche Unterlagen von mehr als hundert (!) regelmäßigen Ansprechpartnern mit einem Griff zur Hand haben. Als ich die Projekte noch mit Aktenordnern organisierte, lief es so: Wenn mich jemand mit einer Frage anrief, zu deren Beantwortung ich die zugehörigen Unterlagen vor Augen brauchte, sagte ich: »Etwas Geduld, bitte. Ich hole den Vorgang und rufe Sie zurück.« Dann bin ich zum Regal gegangen, habe den zugehörigen Ordner herausgenommen, ihn durchgesehen, bis ich an der richtigen Stelle war, und habe zurückgerufen. Seitdem ich die Projekte mit MAPPEI organisiere, habe ich die Unterlagen zu allen laufenden Projekten in unmittelbarer Nähe meines Schreibtisches. Das funktioniert, weil die Unterlagen im Vergleich zur Organisation mit Aktenordnern nun deutlich weniger Platz verbrauchen (›S. 33ff.).

Alle Unterlagen zu laufenden Projekten befinden sich in diesem Beispiel in ausziehbaren Tablaren und Schubladen des Sideboards und sind mit einem Griff zur Hand

Wenn nun jemand von diesen mehr als hundert Ansprechpartnern anrief, konnte ich mit dem Griff in die Ordnungsbox des Projekts sofort die Mappe herausziehen, auf die sich der Anrufer bezog. Okay, nicht sofort, es dauerte schon einige Sekunden. Die gewünschte Information konnte ich trotzdem ohne nennenswerte Verzögerungen geben bzw. eine Notiz aufschreiben. Das Hin- und Hergehen war nun ebenso unnötig geworden wie die Rückrufe. Aus zeitnah wurde sofort.

Mit MAPPEI: Antwort sofort möglich

Folgende Zeitwerte wurden für den Rückgriff auf einen bestehenden Vorgang gemessen:

- Rückgriff MAPPEI-Einzelakte: 16,2 Sekunden
- Rückgriff Hängemappe: 28,8 Sekunden
- Rückgriff Hebelordner: 27,9 Sekunden

Zeitbedarf für Rückgriffe

Da sich nur wenige Dokumente in einer MAPPEI-Einzelakte befinden, ist die gewünschte Seite schnell zur Hand. Bei der Hängemappe ist der Aufwand größer, weil zunächst der richtige Vorgang innerhalb der Sammelakte gefunden werden muss und – falls der Vorgang entnommen wird – die Einlegestelle gegebenenfalls erneut zu lokalisieren ist. Beim Ordner ist dieser zusätzliche Aufwand in den angegebenen Zeiten ebenfalls berücksichtigt.

Unterschiede MAPPEI zu Hängemappe, Ordner

Der Zeitbedarf im Zusammenspiel von Anlage, Ablage, Zugriff und Rückgriff

Erst durch die Gesamtbetrachtung kommen wir zu einem realistischen Bild. Die MTM-Vereinigung hat eine Szenario-Rechnung erstellt, bei der folgende Annahmen zugrunde gelegt wurden:

- 300 Vorgänge à 5 Dokumente
- 1.200 Zugriffe (das heißt, auf jeden Vorgang wird durchschnittlich vier Mal zugegriffen)
- 75 Rückgriffe (das heißt, es wird durchschnittlich nur auf jeden vierten Vorgang zugegriffen)
- Für jeden Vorgang wird eine MAPPEI Ordnungsmappe angelegt.
- Für jeden Buchstaben wird eine Hängemappe angelegt (25 Hängemappen).
- Für die rund 1.500 Blätter werden drei Hebelordner angelegt.

Szenario-Rechnung

Unter Berücksichtigung der gemessenen Zeiten ergibt sich das folgende Gesamtbild:

Zeitbedarf in Minuten bei 300 Vorgängen zu fünf Dokumenten

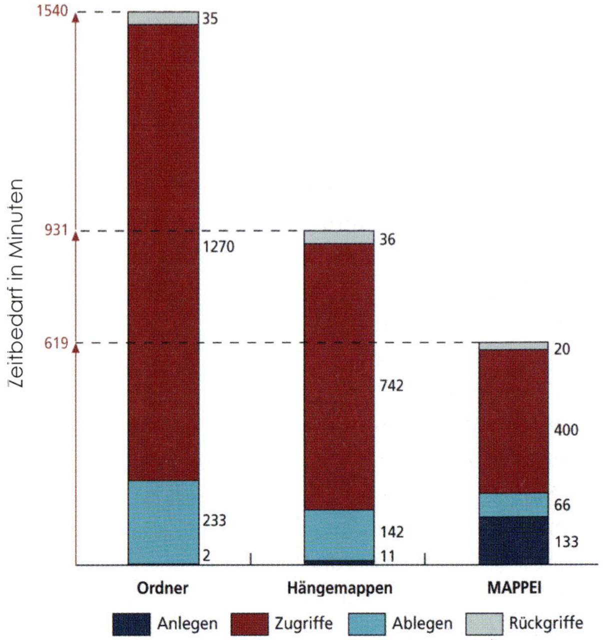

Quelle: MTM-Vereinigung

Wer die Zeiten und Annahmen, die dieser Gesamtrechnung zugrunde liegen, im Detail kennenlernen möchte, sei auf die MTM-Studie »Vergleich von verschiedenen Ablagetechniken/ Ordnungsmitteln« (Hamburg, Siegen, 19. April 2007) verwiesen. Sie ist bei MAPPEI erhältlich: (02 71) 23 88-0.

Mehrere Vorgänge pro Mappe

Freilich lassen sich auch andere Berechnungen anstellen. Die MTM-Vereinigung hat beispielsweise untersucht, was passiert, wenn *mehrere* Vorgänge in *eine* MAPPEI-Ordnungsmappe abgelegt werden. Auch wenn dies dem MAPPEI-Ansatz widerspricht, werden manche Nutzer im Alltag so vorgehen. Der gesamte Zeitbedarf nähert sich in diesem Fall mit 871 Minuten dem Zeitbedarf der Hängemappen an (931 Minuten), unterbietet ihn aber noch immer.

Schluss mit Suchzeiten

OP: Keine Suchzeiten

Profis haben alles mit einem Griff zur Hand. Denken Sie an einen Operationssaal im Krankenhaus. Was wäre, wenn im OP die benötigten Instrumente und Arbeitsmittel jedes Mal erst umständlich zusammengesucht werden müssten?

Stapel als Zeichen für Fleiß?

Im Büro gelten dagegen an vielen Arbeitsplätzen andere Regeln. Hier fällt es nicht so schnell auf, wenn Akten zu suchen sind.

Zudem haben sich viele daran gewöhnt, dass die Schreibtische mit Stapeln zugedeckt sind, die bei Bedarf durchsucht werden. Manche meinen sogar, Stapel seien ein Zeichen für besonderen Fleiß oder gar für Genialität. Aber was ist daran genial, ein Dokument suchen zu müssen – und wenn es jedes Mal auch nur ein paar Minuten dauert? Wenn wir ehrlich sind: nichts! Es ist pure Zeitverschwendung.

Viereinhalb Wochen auf Suche

Das Fraunhofer-Institut für Produktionstechnik und Automatisierung IPA in Stuttgart hat einmal untersucht, welchen Anteil diese Zeitverschwendung bei Mitarbeitern in der Verwaltung ausmacht. Das Ergebnis war, dass 13 Prozent der Arbeitnehmer ihre Arbeitszeit für Suchen aufwenden. Laut einer OECD-Statistik betrug die durchschnittliche Arbeitszeit in Deutschland im Jahre 2003 1.361 Stunden. 13 Prozent davon sind 177 Stunden. Bei einer 40-Stunden-Woche sind das fast viereinhalb Wochen, die ein Mitarbeiter angeblich nur mit Suchen verbringt! Abgesehen davon, dass Suchen etwas Frustrierendes ist, muss diese Zeit ja vom Unternehmen bezahlt werden. Es ist Zeit, die ohne Wertschöpfung verloren geht. Auf wen diese 13 Prozent auch immer zutreffen: Die betroffenen Mitarbeiter können nur hoffen, dass die Konkurrenz nicht besser organisiert ist und ebenfalls viereinhalb Wochen pro Mitarbeiter und Jahr mit Suchen verbringt.

Je konsequenter Sie mit MAPPEI arbeiten, desto deutlicher reduzieren sich die Suchzeiten.

Suchzeiten fast null

Sind die Reiter farbcodiert (›S. 95), durchdacht beschriftet (›S. 97) und in die entsprechend gekennzeichneten Boxen bzw. Schränke eingestellt, tendieren die Suchzeiten gegen null, da die benötigte Mappe auf einen Blick zu sehen ist.

Was aufhört

Wenn Sie mit MAPPEI arbeiten, bedeutet das das Ende mit:

- Suchzeiten bei Ablage und Rückgriff
- Stapeln mit unabgelegten Schriftstücken
- Unsicherheit durch Unordnung
- Primitiv-Arbeiten wie Lochen und Abheften

Was kommt

Dafür gewinnen Sie:

- Mehr Sicherheit durch bessere Übersicht
- Mehr Arbeitsfreude und Freiraum

- Mehr Gelassenheit durch effizienteres Arbeiten
- Kürzere Durchlaufzeiten durch schnelleren Arbeitsfluss
- Zufriedenere (interne und externe) Kunden, da diese schnelle Antworten bekommen
- Geschwindigkeitszuwachs, wenn sich Vertreter bei Krankheit, Urlaub oder Personalwechsel an Arbeitsplätzen von Kollen zurechtfinden müssen
- Ordnung, die nebenbei entsteht, da die Mappe einfach an der richtigen Position eingestellt wird

Fazit: Wer seine Unterlagen mit MAPPEI organisiert, der arbeitet schneller, da einzelne Bewegungen und Vorgänge nicht ausgeführt werden müssen und folglich auch keine Bearbeitungszeiten dafür anfallen.

Passender Werbespruch

»Wer sich schneller bewegt, ist ein schlechteres Ziel für die Konkurrenz«, hieß es mal in einer Anzeige von Vodafone. Dieser Spruch hätte auch von MAPPEI kommen können.

Kapitel 4

Sie gewinnen Raum

Traditionelle Ablageformen beanspruchen zumeist mehr Platz als nötig. Dies gilt für Hebelordner wie für Hängeregistraturen. Mit den Organisationsmitteln von MAPPEI lässt sich nicht nur Zeit, sondern auch Platz sparen – viel Platz. Für diese Sparmöglichkeiten gibt es zwei Ansatzpunkte:

1. Raumgewinn in der Breite
2. Raumgewinn in der Höhe

Oft mehr Platzverbrauch als nötig

Raumgewinn in der Breite

Früher organisierte ich meine Projekte in Aktenordnern. Jeder Kunde bekam einen eigenen Ordner.

Kunden mit umfangreichen Projekten bekamen einen breiten Ordner. Fielen nur wenige Papiere an, nutzte ich einen schmalen.

Eine Möglichkeit: pro Kunde ein Ordner

Es wurde viel Luft archiviert

Auf diese Weise hatte ich zusammenhängende Unterlagen zur Hand. So weit, so gut.

Dass die Ordner nicht ganz gefüllt waren, lag in der Natur der Sache. So wurde jedoch viel Platz verschwendet und letztlich Luft archiviert, wie ein Blick von oben zeigt.

Platzbedarf halbiert

Die Papiere aus den Ordnern, die auf diesen Fotos zu sehen sind, habe ich kürzlich in Organisationsmappen eingelegt. Diese Mappen passten in eine einzige Box! Um die Unterlagen aufzubewahren, benötige ich nun nur noch halb so viel Platz.

Verzicht auf die Hebelmechanik

MAPPEI wirbt damit, dass je nach Ausgangssituation bis zu 40 Prozent des Platzbedarfs eingespart werden können. In dem hier gezeigten Fall waren es sogar 50 Prozent. Der spürbare Raumgewinn in der Breite ergibt sich, weil auf die Hebelmechanik der Ordner verzichtet wird und jeweils in etwa nur so viel Platz benötigt wird, wie es die Akten tatsächlich erfordern.

Gutes Brutto-Netto-Verhältnis

Mit anderen Worten: Die Ordnungsmappen ermöglichen mit Blick auf den Platzbedarf ein besseres Brutto-Netto-Verhältnis.

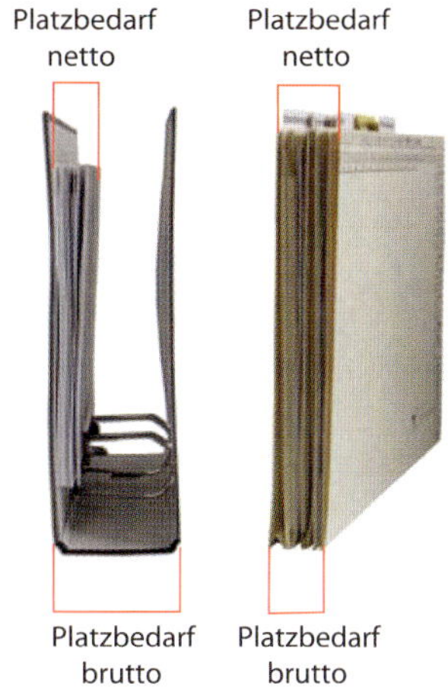

Dass manche Ordner kaum gefüllt sind, während andere von Papieren fast überquellen, ist ein Problem, das bei Anwendung der MAPPEI-Methode nicht auftreten kann.

Und was ist mit Hängemappen?

Bei flüchtiger Betrachtung könnte mancher auf die Idee kommen, mit Hängeregistermappen könnten sich ähnliche Effekte wie mit MAPPEI erzielen lassen. Dies ist jedoch nicht möglich.

Weniger Reiterpositionen

Zunächst ist es ein Nachteil, dass die Zahl der möglichen Reiterpositionen viel kleiner ist …

MAPPEI: alphabetische Positionierung

… als bei den Ordnungsmappen, bei denen es insgesamt 25 Reiterpositionen für eine alphabetische Anordnung gibt.

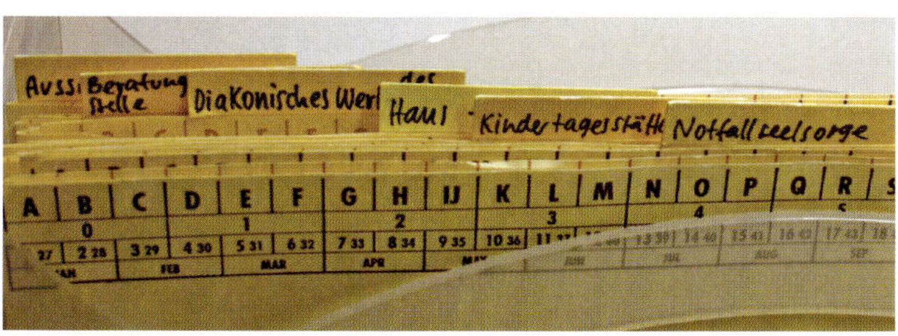

Schienen verbrauchen sehr viel Platz

Außerdem ist durch die Hängeschienen der Platzbedarf im Vergleich zu den MAPPEI-Ordnungsmappen deutlich größer. In 5 cm Tiefe passen nur acht Hängemappen, jedoch 50 oder sogar noch mehr MAPPEI-Ordnungsmappen:

Reiter sind klobig

Hinzu kommt, dass die Reiter bei den Hängeregistermappen vergleichsweise klobig sind, während die MAPPEI-Reiter kaum auftragen.

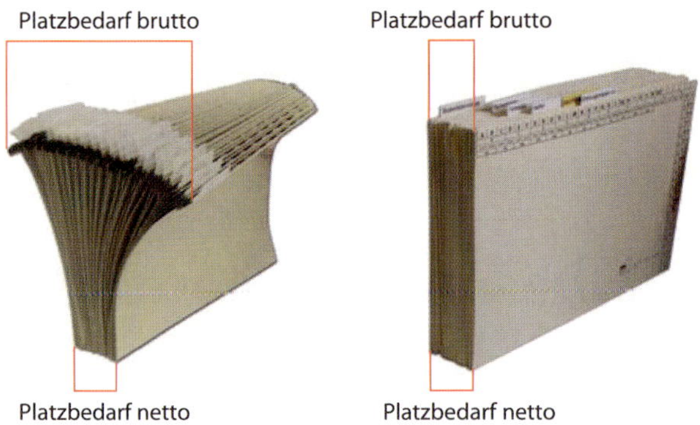

Doppelte Zahl von Vorgängen

Wenn Sie einen Schreibtisch mit Rollcontainer haben, bedeutet das, dass Sie nahezu die doppelte Anzahl an Vorgängen im Schreibtischauszug unterbringen können. Die Ordnungsbox ist übrigens so gebaut, dass sie wie eine Hängemappe einfach in einen Hängeregisterschrank eingehängt werden kann.

Rollcontainer mit Hängemappen

Vorher

Rollcontainer mit MAPPEI

Nachher

Wegezeiten entfallen

Dieser positive Effekt, nahezu die doppelte Anzahl an Vorgängen unterbringen zu können, gilt auch für die Aufbewahrung der Akten in Sideboards sowie anderen Möbeln im unmittelbaren Umfeld Ihres Arbeitsplatzes: Sie haben auf deutlich mehr Vorgänge schnellen Zugriff. Somit sparen Sie Wegezeiten zu Schränken und Regalen, die sich ansonsten – auf einen Tag oder gar ein Jahr gerechnet – zu nennenswerten Spannen summieren.

Raumgewinn in der Höhe

Unterlagen im Querformat aufbewahrt

Setzen Sie Aktenordner ein, verlieren Sie schon allein dadurch Platz, dass die Papiere *hochkant* aufbewahrt werden. Bei den Organisationsmitteln von MAPPEI werden die Unterlagen dagegen im *Querformat* aufbewahrt. Dadurch ergeben sich Gewinne in der Höhe.

Vergleich: Höhe von Ordner und Orgamappen

Aktenschränke sind in der Regel so ausgelegt, dass sie im Querformat abgelegte Dokumente problemlos aufnehmen können. Messen Sie selbst mal nach: Eine Ordnungsbox hat eine Tiefe von 348 mm.

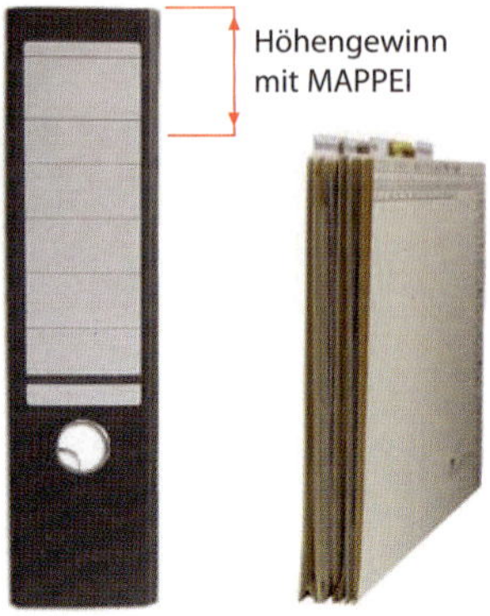

Zwei Regalböden mehr

Bei *gleicher* Regalhöhe erlaubt das MAPPEI-System daher eine Archivierung in *acht* Reihen, während es bei Ordnern nur *sechs* Reihen sind:

Vergleich: Raumbedarf von Ordnern und Ordnungsboxen

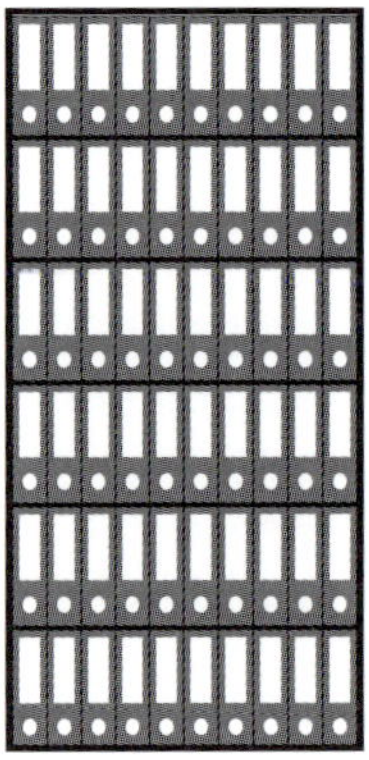

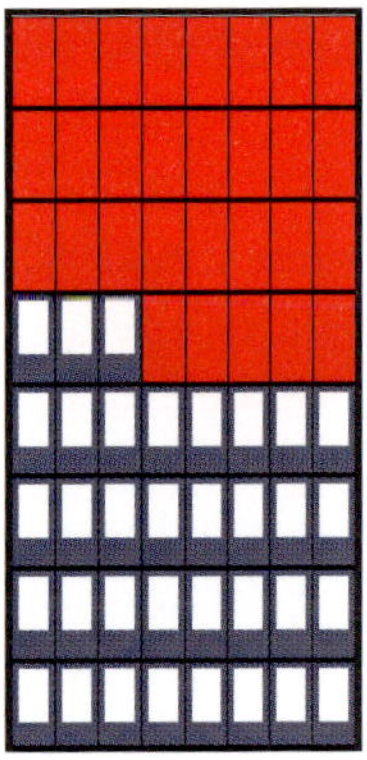

Konsequenzen

Der reduzierte Platzbedarf hat eine Reihe positiver Folgen:

Positive Folgen

- Sie brauchen weniger Stellfäche für Regale bzw. Schränke.
- Entsprechend reduzieren sich auch die Investitionskosten für die nötigen Möbel.
- Sie gewinnen in den bestehenden Möbeln eine Platzersparnis. Sie beträgt durchschnittlich knapp 40 Prozent.
- Von der Raumersparnis profitieren Sie sowohl in der Abteilung für die Zwischenablage von Projektunterlagen als auch im Archiv für die Aufbewahrung der Dokumente von abgeschlossenen Projekten.
- Wenn Sie weniger Stellflächen benötigen, müssen Sie entsprechend weniger Bürofläche mieten bzw. kaufen, heizen, beleuchten und sauber halten.

Kapitel 5
Sie werden flexibler

Dokumente nicht nur am Schreibtisch

Manche Dokumente werden nicht nur am eigenen Arbeitsplatz benötigt, sondern auch an anderen Stellen:

- Bei einer Kollegin
- Vor Ort bei Kunden und Lieferanten
- Bei Sitzungen im Besprechungszimmer
- Im Home Office
- Auf Messen und Kongressen
- Beim Steuerberater
- Unterwegs auf Reisen

Nur mitnehmen, was auch gebraucht wird

Merkmal einer zeitgemäßen Aktenorganisation ist es daher, dass sie die einfache Entnahme und Wiederablage der benötigten Unterlagen ermöglicht. Denn meist ist es sinnvoll, nur ausgewählte Vorgänge mitzunehmen und nur solche Akten dabeizuhaben, die auch tatsächlich gebraucht werden.

Flexibler Umgang

Mit den MAPPEI-Organisationsmitteln ist solch ein flexibler Umgang denkbar simpel:

- Sie nehmen einfach die Mappen, die Sie brauchen. Das dauert nicht länger als einen Augenblick. Vorteil: Sie müssen keine Vorgänge aus Ordnern oder Hängemappen heraussuchen und später wieder einordnen.
- Die Ordnungsmappen wiegen kaum etwas und verbrauchen beim Transport aufgrund ihrer Konstruktion im Vergleich zu Hängeregistermappen nur wenig Platz. Dies gilt erst recht im Vergleich mit Hebelordnern.

Die Flexibilität macht sich schon beim Anlegen eines neuen Projekts bemerkbar. Am Anfang reicht in vielen Fällen eine einzige Mappe, die rasch mit dem Projektnamen beschriftet ist.

Von Anfang an schlank und flexibel

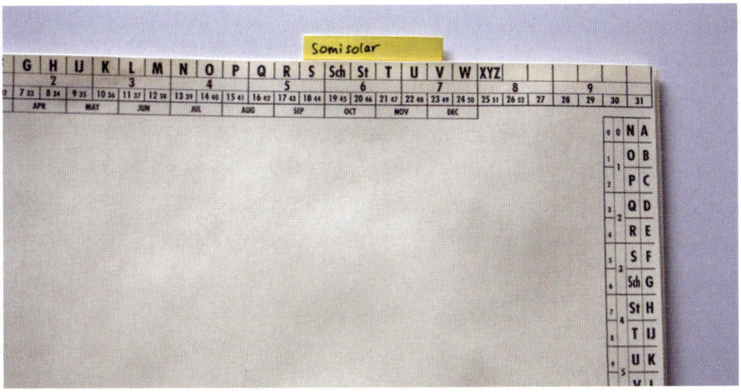

Diese Mappe können Sie beispielweise im Rollcontainer am Schreibtisch aufbewahren.

Bekommen Sie die Einladung zu einem Treffen, bei dem – etwa in einer Sitzung in Ihrem Hause – über dieses Projekt gesprochen wird, können Sie die Mappe einfach nehmen und an die richtige Position in die Wiedervorlage stellen (›S. 141ff.). Ist der Tag mit dem Termin gekommen, haben Sie die Akte gleich zur Hand.

Mappe in der Wiedervorlage positionieren

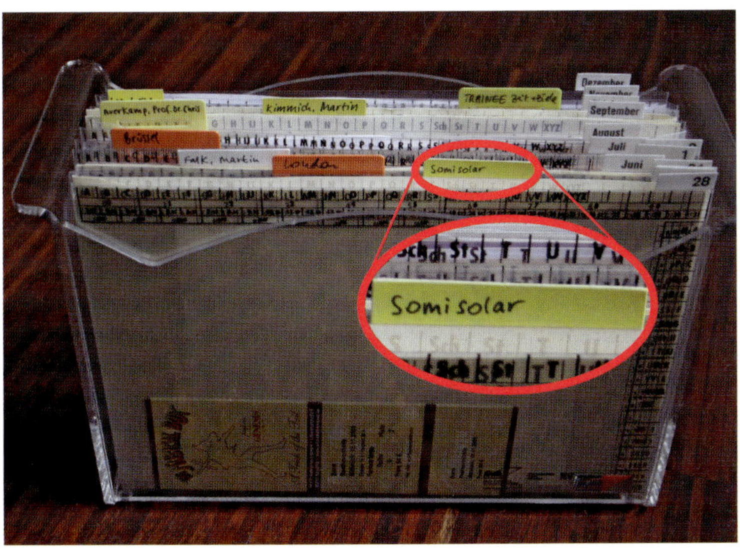

Terminverwaltung mit benötigter Mappe

Warum es sich lohnt, Akten zu vereinzeln

Die Mappe wird dicker

Nehmen wir an, bei der eben erwähnten Sitzung machen Sie sich verschiedene Notizen. Sie bekommen außerdem projektbezogene Unterlagen in die Hand, die zunächst in die Ordnungsmappe wandern. Die Mappe wird dicker.

Mögliche Inhalte

Beispielsweise enthält die Ordnungsmappe nun folgende Papiere:

- Visitenkarten der Gäste, die an der Sitzung teilnahmen
- Ihr Zugticket sowie Taxi-Quittungen einer Reise, die mit diesem Projekt zusammenhängt
- Technik
- Handschriftliche Notizen zur Kalkulation des Projekts
- Terminplan

Weitere Mappen anlegen

Wächst das Projekt wie hier skizziert, lohnt es sich nun, die Unterlagen durchzusehen. Meist ist rasch erkennbar, dass sich die Papiere sinnvoll trennen lassen. Zusammenhängende Papiere kommen in jeweils eigene Mappen. Diese Mappen können Sie einfach anlegen und hinter eine Leitkarte stellen, die Sie mit dem Namen des Projekts beschriften.

Mappen hinter einer Leitkarte

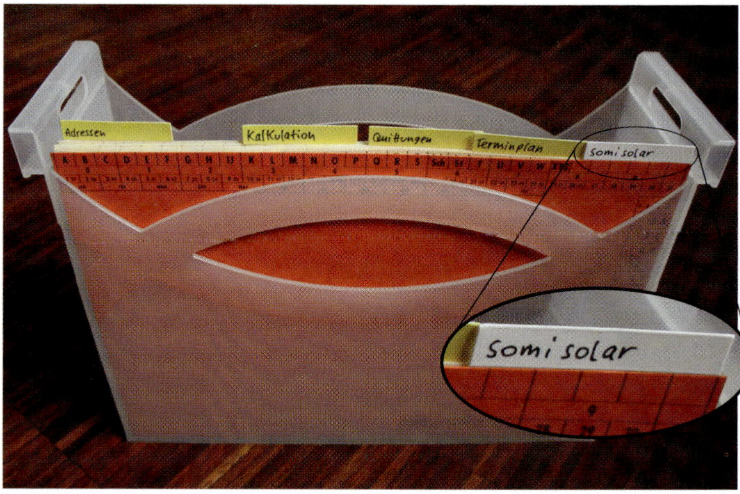

Diesen Vorgang nennt man *Vereinzeln.*

Durch das Vereinzeln erreichen Sie die Effizienz im Umgang mit Ihren Akten.

Das diesem Vorgang zugrunde liegende Prinzip wird als Aktentrennung bezeichnet (›S. 127). Was auf den ersten Blick nach Verschwendung aussieht – immerhin müssen Sie neue Mappen anlegen, was ja Zeit und Geld kostet –, dient der Übersichtlichkeit. Durch die Aktentrennung können Sie die Dokumente schneller finden.

Aktentrennung ist sinnvoll

Wenn Sie beispielsweise einen Anruf bekommen, der sich auf die Kalkulation bezieht, haben Sie die nötigen Unterlagen einschließlich Ihrer Notizen sofort zur Hand, indem Sie die Mappe »Kalkulation« hinter der Leitkarte Ihres Projekts herausnehmen. Ähnlich verhält es sich, wenn Sie die Reisekostenabrechnung machen: Die Mappe »Quittungen« enthält alle Belege.

Mit einem Griff zur Hand

Durch ein konsequentes Vereinzeln mag es Mappen geben, die nur zwei oder drei Blätter enthalten – dennoch haben diese Blätter eine eigene Mappe verdient, wenn sie zu einem klar abgrenzbaren Thema gehören. Im Laufe der weiteren Bearbeitung wird sich das bemerkbar machen. Verzichten Sie dagegen auf die Aktentrennung und füllen Sie zu viele Unterlagen in eine Einzelmappe, wird wieder Zeit mit der Suche nach dem gewünschten Dokument verloren gehen.

Eine Mappe pro Thema

Welche Differenzierungstiefe speziell für Ihre Vorgänge angemessen ist, können nur Sie selbst entscheiden. Im Zweifelsfall empfehle ich, lieber eine Mappe mehr anzulegen als eine zu wenig.

Lieber eine Mappe zu viel als eine zu wenig

Profitieren Sie vor, auf und nach Reisen

Die Flexibilität, die durch die Organisationsmittel von MAPPEI möglich wird, erleichtert den Arbeitsalltag enorm. Das gilt nicht nur, wenn Sie am Schreibtisch schnell einen bestimmten Vorgang brauchen, sondern auch dann, wenn Sie auf Reisen gehen.

Auch für Reisen gut geeignet

Die Reisevorbereitung kann schon weit im Voraus beginnen und dank MAPPEI fast nebenbei erledigt werden. Ich handhabe es beispielsweise so, dass ich für jeden Außer-Haus-Termin eine orangefarbene Aktionsmappe (›S. 89) anlege und diese mit dem Namen der Stadt beschrifte, in welcher der Termin stattfinden wird. Diese Aktionsmappe stelle ich in die Wiedervorlage.

Reisevorbereitung fast nebenbei

Aktionsmappe für Außer-Haus-Termine

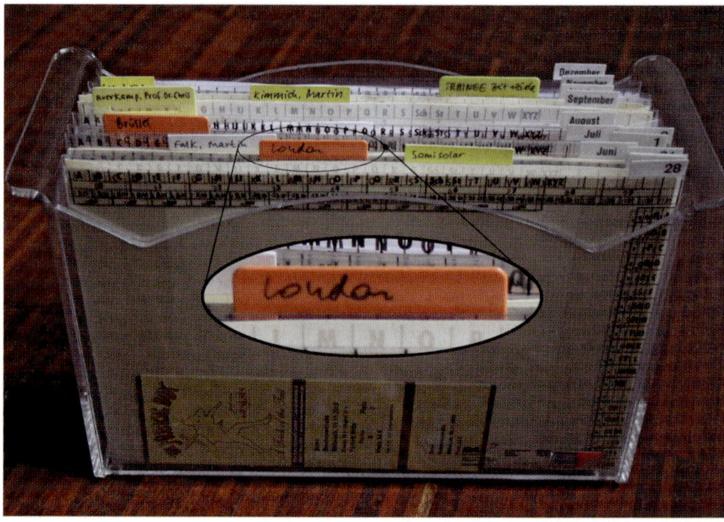

Papiere, die für die Reise wichtig sind

Wenn ich die Reservierungsbestätigung vom Hotel bekomme, wandert diese in die entsprechende Mappe. Ebenso verhält es sich mit dem Zug- oder Flugticket und ähnlichen Dokumenten. Wenn ich nun bei einem Telefonat oder durch eine E-Mail erfahre, dass mein Gesprächspartner an bestimmten Unterlagen interessiert ist, mache ich mir eine Notiz, die ebenfalls in diese Mappe wandert. Im Laufe der Zeit kommen auf diese Weise verschiedene Schriftstücke in die Mappe, die für diese Reise wichtig sind.

Temporäre Box für die Reise

Steht die Reise nun unmittelbar bevor, nehme ich die Aktionsmappe aus der Wiedervorlage und sehe die Notizen durch. Finde ich Hinweise auf Vorgänge, die für den Termin wichtig sind, nehme ich die Mappen, die ich voraussichtlich brauche, einfach aus ihrer Ordnungsbox und stellen sie in eine schmale Ordnungsgitterbox (›S. 104) bzw. eine leere Ordnungsbox mit normaler Größe (›S. 103). Auch die Aktionsmappe kommt in diese Box.

Box kann in der Tasche bleiben

Diese Box passt in eine Aktentasche. Nun habe ich alles übersichtlich zur Hand. Um an ein bestimmtes Dokument zu kommen, muss ich die Box meist noch nicht einmal aus der Tasche nehmen. Probieren Sie das mal mit einem Aktenordner! Durch die Farbcodierung und die Beschriftung der Reiter sowie dem angewandten Prinzip der Aktentrennung ist auf einen Blick klar, welche Mappe das Dokument enthält und wohin ich zu greifen habe.

Aktentasche mit benötigten Mappen in schmaler Ordnungsbox

Natürlich funktioniert dies auch gut, wenn mehrere Termine hintereinanderliegen bzw. mehrere Städte nacheinander zu besuchen sind.

Auch für mehrere Termine geeignet

Nach der Rückkehr ins Büro kommen die Mappen dann wieder in ihre Ordnungsboxen hinein. Im Gegensatz zum Umgang mit Aktenordnern oder Hängemappen, in denen jeweils mehrere Vorgänge aufbewahrt werden, ist das rasch erledigt, da Schritte wie das Herausnehmen, Öffnen und Durchsehen des Ordners entfallen. Bei den Ordnungsmappen von MAPPEI müssen neue Unterlagen außerdem nicht gelocht und muss keine Hebelmechanik bedient werden. Die Mappe lässt sich in Sekundenschnelle einfach in ihre Box stellen. So ist nach der Reise die Ordnung schnell wiederhergestellt, auf dem Schreibtisch bilden sich keine Stapel.

Nach der Rückkehr: Ordnung ist schnell wiederhergestellt

MAPPEI und GTD

Es dürfte inzwischen klar geworden sein: Die Organisationsmittel von MAPPEI ermöglichen es, Akten rasch neu zu ordnen. Dies ist nicht nur für »normale« Nutzer von Belang, sondern vor allem für GTD-Anwender extrem wichtig (siehe auch ›S. 148ff.). Würden Sie das Material für jede Idee, für jedes Vorhaben, für

GTD-Anwender brauchen Flexibilität

jedes Projekt in jeweils eigenen Hängemappen oder gar Aktenordnern ablegen, dann würden Sie in Ihrem Büro bald erdrückt. Nutzen Sie dagegen Organisationsmappen, sieht die Sache schon anders aus.

Ordnungsboxen nach GTD-Schema

Die Mappen können Sie nun in verschiedenen Ordnungsboxen aufbewahren:

- »Aktive Projekte«
- »Warten auf«
- »Vielleicht/Irgendwann«
- »Next Actions«
- »Referenzmaterial«

Mappen nach Kontexten ordnen

Sie können Mappen auch hinter Leitkarten stellen:

- Anrufen
- Besorgen

Das Wiedervorlagesystem von MAPPEI (›S. 141ff.) eignet sich außerdem ideal als GTD-Terminkartei.

Zwei Beispiele

Wenn Sie im Sinne von GTD arbeiten, werden Sie in besonderer Weise von der Flexibilität der MAPPEI-Methode profitieren. Zwei Beispiele:

- Sollten Sie beim Durchsehen im Rahmen Ihres Wochenüberblicks in der Box »Vielleicht/Irgendwann« auf eine Mappe zu einer Projektidee stoßen, die Sie nun realisieren wollen, dann nehmen Sie die Mappe dort heraus und stellen sie einfach in die Ordnungsbox »Aktive Projekte«.
- Sehen Sie in der »Warten auf«-Box, dass sich ein Gesprächspartner nicht innerhalb der vereinbarten Frist bei Ihnen gemeldet hat, nehmen Sie die Mappe aus dieser Box heraus und stellen sie hinter die Leitkarte »Anrufen«, damit Sie bei nächster Gelegenheit mal nachhaken.

Wo immer Sie Akten umsortieren – sei es im normalen Alltag am Schreibtisch, auf Reisen, im Rahmen eines GTD-basierten Arbeitens oder nach Projektende beim Archivieren der Akten –, haben Sie mit den Organisationsmitteln von MAPPEI die richtigen Instrumente zur Hand. Sie können sich auf Ihre Aufgaben konzentrieren und werden nicht durch die Unzufriedenheit über unflexible Werkzeuge abgelenkt.

Kapitel 6

Freier Schreibtisch, freier Kopf – Ordnung wirkt sich auch mental aus

Wichtige Auswirkungen

Wer Unterlagen mit MAPPEI organisiert, profitiert von einem reduzierten Platzbedarf und spart Zeit. Das sind Fakten, die sich gut mit Zahlen belegen lassen. Doch es gibt auch Effekte, die weniger gut zu messen sind. Vielleicht handelt es sich dabei aber sogar um die wichtigeren Auswirkungen.

Anwender der MAPPEI-Methode können

- konzentrierter arbeiten,
- die Gefahr der Aufschieberitis besser in den Griff bekommen,
- Bürofrust reduzieren.

Konzentrierter arbeiten

Ob Sie konzentriert arbeiten können, ist nicht nur eine Frage der Übung, sondern vor allem eine Frage der Rahmenbedingungen.

Wie sieht Ihr Schreibtisch aus?

Wenn Sie Ihren Schreibtisch jetzt anschauen, gibt es zwei Möglichkeiten:

1. Er ist leer und macht es möglich, dass Sie sich zu 100 Prozent auf *eine* Aufgabe konzentrieren können. Ihre Energie läuft wie bei einem Laserstrahl auf einen Punkt zusammen.
2. Auf Ihrem Schreibtisch liegen Papiere, Telefonnotizen, Magazine, Bücher, Fotos und sonstige Unterlagen. Auf diese

Weise versorgt er Ihr Gehirn mit einem Sperrfeuer von Hinweisen auf unerledigte Aufgaben, nicht getroffene Entscheidungen und unausgegorene Vorhaben.

Voller Schreibtisch

Finden Sie sich eher bei der zweiten Situationsbeschreibung wieder, dann kennen Sie das:

- Ihre Aufmerksamkeit springt von einer Aufgabe zur nächsten. Wo sollen Sie anfangen, wo aufhören?
- Selbst wenn Sie sich eine bestimmte Sache vorgenommen haben, wird durch Ablenkungen rasch unklar, in welche Richtung Sie Ihre Energien kanalisieren sollen.
- Sie wirken zwar ziemlich beschäftigt und am Ende des Tages *fühlen* Sie sich geschafft. Nur *haben* Sie vermutlich nicht das geschafft, was Sie sich vorgenommen hatten.
- Ihr Tag fühlt sich so an, als hätten Sie die ganze Zeit leere Blätter in die Luft geworfen.

Konzentrationsschwäche

Das ist normal, aber nicht gerade hilfreich, wenn es darum geht, Dinge erledigt zu bekommen. Ungünstige Rahmenbedingungen können sogar zum sogenannten Attention Deficit Trait führen, einer Konzentrationsschwäche, die inzwischen auch in Deutschland diskutiert wird. Anders als beim Aufmerksamkeits-Defizit-Syndrom wird sie nicht durch eine erbliche Disposition begünstigt, sondern ist Folge eines ständigen Multitasking bei gleichzeitig hohem subjektiv wahrgenommenem Stress.

Wer zu vielen Reizen zugleich ausgesetzt ist
und alles auf einmal erledigen möchte,
der kann sich bald gar nicht mehr konzentrieren,
wird unproduktiv oder gar aggressiv.

Die Schlussfolgerung lautet also: Befreien Sie Ihren Schreibtisch von allem, was Ihre Aufmerksamkeit ablenkt. Dies umfasst alles, was Sie nicht beim Bearbeiten Ihrer aktuellen Aufgabe brauchen. Stapel mit unerledigten Papieren gehören in jedem Fall dazu.

Fluchtverhalten

Das gilt auch dann, wenn Sie nicht unter Konzentrationsschwierigkeiten leiden. Denn möglicherweise neigen Sie dazu, unangenehmen Aufgaben zu entfliehen – und damit wären Sie nicht allein. Dann haben Sie sich mit den Stapeln Anreize aufgebaut, die Ihnen diese Flucht erleichtern.

Der Schreibtisch wird frei bleiben

Hier kann die MAPPEI-Methode einen wichtigen Vorteil ausspielen. Der Kern des Ansatzes besteht darin, dass jeder Vorgang in eine eigene Mappe kommt – schon beim Entstehen des Vorgangs (›S. 121). Die Mappe wird dort abgestellt, wohin sie laut Aktensystemplan gehört (›S. 206ff.). Oder sie kommt in die Wiedervorlage hinter eine Terminkarte, wenn die Bearbeitung fest für diesen Zeitpunkt vorgesehen ist (›S. 141ff.). Der Schreibtisch bleibt frei.

Wird der Vorgang dann bearbeitet, legen Sie die betreffende Ordnungsmappe auf Ihren Schreibtisch. Da er ansonsten leer ist, können Sie konzentriert arbeiten. Es sind keine Papiere im Blickfeld, die mit der aktuellen Aufgabe nichts zu tun haben und ablenken. Aufmerksamkeitsräubern, die normalerweise über den Schreibtisch verteilt sind, macht die MAPPEI-Methode damit den Garaus.

Beispiel »Reisekostenabrechnung«

Beispiel: Im vorhergehenden Kapitel wurde erwähnt, dass die Mappe »Quittungen« alle Belege enthält, die Sie für Ihre Reisekostenabrechnung brauchen (›S. 43). Wenn Sie die Abrechnung bearbeiten, haben Sie nur die gesammelten Belege vor Augen.

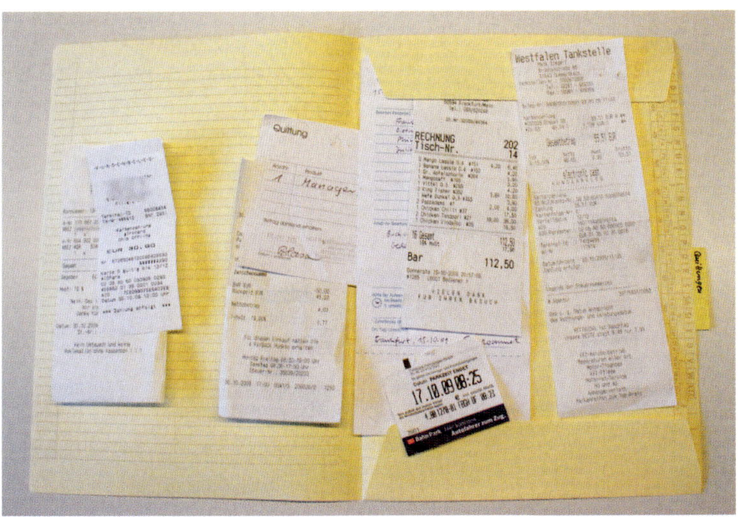

Sie werden nicht abgelenkt

Bereits die Tatsache, dass Sie alle Belege mit einem Griff zur Hand haben, ist eine Entlastung. Daneben gibt es einen weiteren Vorteil: Sie werden nicht abgelenkt. Der Schreibtisch ist nicht nur frei, Sie müssen auch keine Papiere durchsuchen, die mit den Auslagen nichts zu tun haben.

Konzentriert und zügig arbeiten

Die Gefahr der Ablenkung ist meist groß. Denn mit Sicherheit gibt es Aufgaben, die Sie erledigen sollten, damit das Projekt vorankommt. Doch diese Aufgaben interessieren im Moment nicht. Es geht um die Reisekostenabrechnung, und da Ihr Blick ausschließlich auf Papiere wie Quittungen und Belege fällt, können Sie diese Abrechnung auch konzentriert und zügig bearbeiten. Ist das erledigt, können Sie Ihre Aufmerksamkeit auf eine neue Herausforderung richten.

Entlastung beim Anlegen der Akten

Die MAPPEI-Methode entlastet den Kopf auch beim Anlegen und Heraussuchen der Akten. Diese Aufgaben sind bei ungeeigneten Systemen beschwerlicher als nötig.

Sie müssen nicht mehr überlegen

Beim konsequenten Einsatz der Organisationsmittel von MAPPEI müssen Sie nicht mehr überlegen, wo Sie etwas finden. Durch den Aktensystemplan ist die Antwort eindeutig. Selbst wenn Sie den genauen Begriff vergessen sollten, ist durch die Farbe des Reiters klar, welche Mappen infrage kommen. Im Alltag überfliegt das Auge die alphabetisch angeordneten Reiter und findet die benötigte Mappe in kurzer Zeit. Wenn Sie die Akten – wie auf Seite 42 beschrieben – vereinzelt haben, brauchen Sie dazu nicht länger als ich: einige Sekunden. Oft landet das Auge sogar gleich auf der richtigen Mappe.

Aufschieberitis besser in den Griff bekommen

Staub saugen statt lernen

Wer sich auf eine Prüfung vorbereitet, kennt das Problem vermutlich aus eigenem Erleben: Statt zu lernen, wird Staub gesaugt, eingekauft, dies und das erledigt – und schon ist der Tag um.

Am Schreibtisch kann es ähnlich gehen: Es ist ein wichtiges Konzept zu erarbeiten, doch stattdessen werden auch unwichtigere E-Mails beantwortet und Papiere durchgesehen, die sich auf der Tischplatte im Laufe der Zeit so angesammelt haben. Und unter diesen Papieren ist immer etwas, das scheinbar die unmittelbare Aufmerksamkeit erfordert und einen von der eigentlichen Aufgabe, dem Erarbeiten des Konzeptpapiers, abhält.

Prokrastination

Dieses Phänomen, zu dem man früher einfach Bummeln oder Trödeln sagte, wird unter dem Begriff »Prokrastination« inzwischen auch wissenschaftlich untersucht. Hinter Aufschiebehandlungen stehen häufig Auslöser wie Perfektionismus, Motivationslosigkeit, Selbstwertprobleme sowie Ängste – etwa Versagensängste und Angst vor Ablehnung.

Vorsätze allein helfen nicht

In der Regel lässt sich das Problem des Aufschiebens nicht allein durch ernst gemeinte Vorsätze lösen, die immer wieder erneuert werden. Leichter wird es, wenn die Betroffenen entsprechende Methoden und Arbeitsmittel nutzen. Zwar wird auch MAPPEI allein der Aufschieberitis kein Ende machen. Doch die Organisationsmittel können dabei helfen, Motivationsräuber zu reduzieren. Dies ist möglich, weil die MAPPEI-Methode auch Ordnung in die Organisation der Arbeit bringt. Sie sind nicht mehr allein schon dadurch erschlagen, dass Sie die ganze unerledigte Arbeit sehen.

Planen und Ausführen trennen

So können Sie die Phasen »Planen« und »Ausführen« mit den Instrumenten von MAPPEI klar trennen:

- Beim *Planen* sehen Sie nur Mappen durch und entscheiden, was erledigt werden soll. Sie legen die Mappen bereit, zum Beispiel in einen Stufenständer (›S. 52) oder auch in eine normale Ordnungsbox, die die Mappen für den aktuellen Tag aufnimmt. Wichtig: Sie fangen in der Planungsphase mit dem Erledigen noch nicht an.
- Beim *Ausführen* nehmen Sie nur die Mappe vor Augen, die Sie für das Erledigen Ihrer aktuellen Aufgabe benötigen.

Sie arbeiten bereits mit Tageszielen, die Ihrem Tag eine Struktur geben? Dann stellen Sie vor Beginn der eigentlichen Arbeit die Mappen mit den nötigen Unterlagen in den von Ihnen dafür vorgesehenen Behälter.

Vier Fächer des Stufenständers nutzen

Beim Stufenständer (›S. 108) können Sie es beispielsweise so handhaben:

- *Erstes Fach*
  Mappen, die Sie bis zum Mittag brauchen
- *Zweites Fach*
  Mappen, die Sie zwischen Mittag und Feierabend brauchen
- *Drittes Fach*
  Mappen, bei denen es gut wäre, wenn sie heute noch erledigt würden
- *Viertes Fach*
  Mappen für unvorhergesehene Aufgaben

Stufenständer mit Mappen, die heute bearbeitet werden

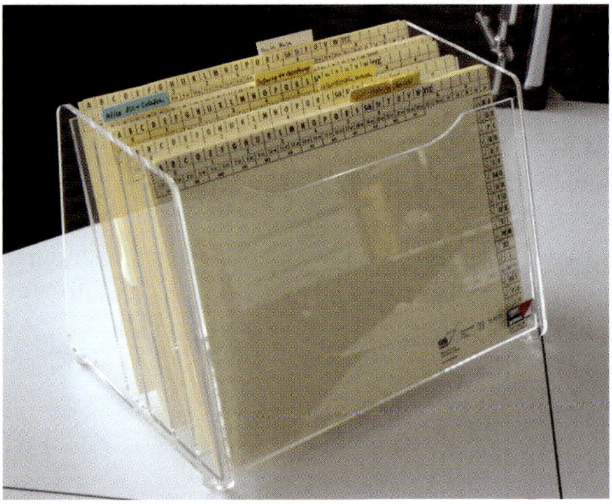

Kleine Päckchen packen

Kern der Idee ist es, sich nur jeweils mit einer Aufgabe, einer Entscheidung zu befassen. Größere Vorhaben zergliedern Sie in die einzelnen Aufgaben. Die zugehörigen Papiere bewahren Sie in jeweils eigens dafür angelegten Mappen auf. Diese Aufgaben gehen Sie bzw. andere aus dem Team isoliert und konzentriert an. So verengen Sie den Fokus auf eine überschaubare Aufgabe, die Sie auch in absehbarer Zeit wirklich bewältigen können. Neigen Sie dazu, Aufgaben aufzuschieben, weil Sie fürchten, das Vorhaben sei zu groß und zumindest heute nicht zu bewältigen, kann Ihnen dieses Zergliedern des Vorhabens in kleine Teilaufgaben helfen.

Bürofrust reduzieren

In vielen Büros nimmt die Arbeitsbelastung zu und zahlreiche Mitarbeiter leiden darunter. Die Stapel auf den Schreibtischen wachsen und manch einer weiß gar nicht mehr, welche Farbe seine Schreibtischoberfläche hat, denn er hat sie schon lange nicht mehr gesehen.

Frust im Büro

Auf die Frage, warum die Betroffenen das Thema nicht angehen, heißt es dann oft: »Das bringt doch nichts. Wenn ich heute aufräume, sieht es in zehn Tagen wieder genauso aus.« Frustriert haben sie sich mit den Stapeln abgefunden und auch damit, immer wieder nach Dokumenten suchen zu müssen.

Vielleicht fragen Sie sich einmal selbst:

- Wie häufig haben Sie das Ablegen von Dokumenten vor sich hergeschoben, weil Ihnen der Umgang mit Ordnern oder Hängemappen zu umständlich war?
- Wie oft waren Sie schon auf 180, nur weil Sie einen Brief vergeblich gesucht haben?
- Und wie lange hat Sie dieser Ärger dabei blockiert, produktiv weiterzuarbeiten?

Drei Fruststufen

»Frust« kommt von lat. frustra, das auch mit »vergeblich« oder »erfolglos« übersetzt werden kann. Bürofrust entsteht also immer dann, wenn Sie ein gestecktes Ziel in Ihrem beruflichen Umfeld nicht erreichen:

- *Frust-Stufe 1*
  Schieben Sie das Anlegen von neuen Akten oder das Ablegen von erledigten Vorgängen vor sich her, wachsen die Stapel. Schon der Blick auf die Stapel frustriert, weil er zeigt, dass Sie selbst bei so einfachen Aufgaben Disziplinschwierigkeiten haben.
- *Frust-Stufe 2*
  Wenn Sie ein Papier brauchen, aber nicht finden, ist das noch frustrierender.
- *Frust-Stufe 3*
  Am frustrierendsten ist es freilich, wenn Sie Ihr Tages- oder gar Jahresziel nicht erreichen, weil die (nicht gut durchdachte) Büroorganisation zu viel Kraft und Zeit verschlungen hat.

Wirksame Gegenmaßnahmen

Das muss nicht sein. Mit der MAPPEI-Methode können Sie dem Frust in allen drei Stufen wirksam begegnen:

- *Frust-Stufe 1 (Aufschieben des Aufräumens)*
  Das Prinzip der Sofort-Ordnung (›S. 121) sorgt dafür, dass eingehende Unterlagen sofort ihren Platz bekommen. Sie verstopfen weder den Posteingang noch den Schreibtisch. Beim Ablegen erledigter Unterlagen müssen Sie die Mappen einfach dort einstellen, wo sie hingehören. Arbeitsschritte wie das Herausnehmen und Öffnen eines Aktenordners entfallen. Die Zeitvorteile (›S. 27) sind spürbar und hinterlassen ein gutes Gefühl.
- *Frust-Stufe 2 (Suchen nach Unterlagen)*
  »Das Auge findet schneller als die Hand«, hat mir mal ein Organisationsberater von MAPPEI gesagt. An dieser Aussage ist etwas dran. Wenn Sie Ihre Vorgänge mit MAPPEI organisieren, brauchen Sie nur noch einen bzw. zwei Blicke, um zu erfassen, wohin Sie greifen müssen. Das gilt selbst dann, wenn der Bedarf nach einer Akte überraschend auftritt, etwa durch einen Anruf, den Sie entgegennehmen:
  - *Ein* Blick genügt bei aktuellen Vorgängen. Diese können Sie im unmittelbaren Umfeld Ihres Schreibtisches aufbewahren. Sie schauen auf die Reiter und sehen anhand der Farbe, Positionierung und Beschriftung sofort, welche Mappe Sie herausnehmen müssen.
  - Handelt es sich um den Vorgang eines bereits abgeschlossenen Projekts, ist zuvor ein *zweiter* Blick nötig: Sie müssen auf die Beschriftung der Ordnungsboxen schauen, um anschließend in der richtigen Box die benötigte Mappe zu finden.
- *Frust-Stufe 3 (verpasstes Tages- oder gar Jahresziel)*
  Wenn Sie konzentrierter arbeiten und nicht mehr so viel aufschieben, steigen die Chancen, dass Sie Ihre Ziele auch wirklich erreichen. MAPPEI stellt darüber hinaus auch Hilfsmittel bereit, mit denen Sie Ihre Ziele gut im Blick behalten können (›S. 152ff.).

Kapitel 7
MAPPEI unterstützt die Arbeit im Team

»Das Genie beherrscht das Chaos«

Wenn von Ordnung im Büro die Rede ist, geht Ihnen vielleicht der Gedanke durch den Kopf: »Das Genie beherrscht das Chaos.« An diesem Spruch ist ja auch tatsächlich etwas dran. Viele Menschen, die wir heute als Genie betrachten, hatten nicht unbedingt einen ordentlichen Schreibtisch. Winfried W. Weber, Autor des Buches »complicate your life«, singt ein Loblied auf die kreative Unordnung und macht darauf aufmerksam, dass zum Beispiel das Penicillin nicht entdeckt worden wäre, hätte der spätere Nobelpreisträger Alexander Fleming im Labor immer ordentlich aufgeräumt.

Doch selbst wenn der Satz mit dem Genie und dem Chaos stimmen sollte: Wie viele von uns sind tatsächlich ein Genie? Und was tun die Kollegen, wenn das Genie auf Dienstreise ist oder im Urlaub weilt? Müssen sie dann dem Kunden sagen: »Oh, Ihre Anfrage können wir nicht bearbeiten. Sie müssen warten, bis unser Genie wieder da ist?«

Ärger über unordentliche Kollegen

Das Chaos zu ertragen oder sogar zu genießen, mag für Menschen möglich sein, die alleine arbeiten. Doch in sehr vielen Büros gibt es Kollegen, die sich im Vertretungsfall an einem für sie fremden Arbeitsplatz zurechtfinden müssen. Wenn sich dann auf dem Schreibtisch die Stapel türmen, beginnt das große Suchen. Schnell entsteht Ärger auf den Kollegen, der anscheinend so viel unordentlicher ist als man selbst.

Korrekt müsste der Spruch daher so lauten, wie ihn der Aufräum-Experte Jürgen Kurz treffend modifiziert hat:

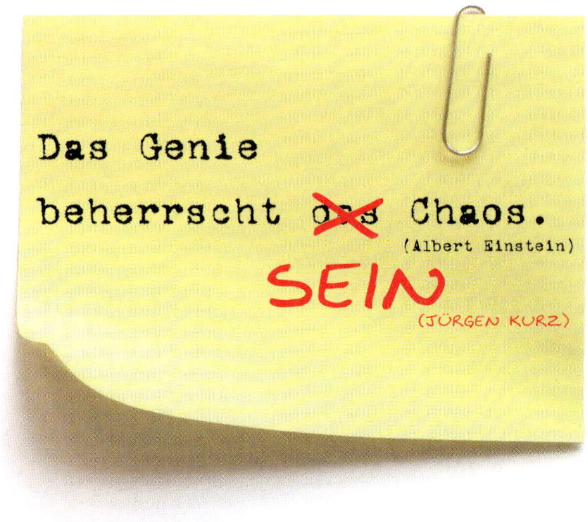

Wie geht es leichter?

Der Alltag ist nun mal mit der Bewältigung vieler Akten verbunden. Die Frage lautet, wie man es sich dabei leichter machen kann, vor allem wenn mehrere Menschen zusammenarbeiten.

Akten mit MAPPEI im Team nutzen

Mit MAPPEI kann die Zusammenarbeit im Team deutlich besser werden, sofern sie die gemeinsame Nutzung von Akten betrifft. Möglich wird dies durch

- ein abgestimmtes Vorgehen beim Anlegen und Nutzen von Akten und
- den Aktensystemplan.

Abgestimmtes Vorgehen beim Anlegen und Nutzen von Akten

Jeder hat sein eigenes System

Normalerweise lernt niemand, wie Akten angelegt werden. In der Berufsausbildung, an der Fachhochschule und an der Universität geht es im Allgemeinen eher um inhaltliche Aspekte und weniger darum, wie man die Büroarbeit intelligent bewältigt. Das Ergebnis: Jeder organisiert seine Akten so, wie er es persönlich für richtig hält. Vielleicht ist noch festgelegt, dass nach Abschluss eines

Projekts alle Unterlagen digital zu archivieren sind. Doch in der Bearbeitungsphase türmen sich oft genug die Papierstapel. Das ist der wichtigste Grund dafür, dass Vertretungsregelungen häufig so schlecht funktionieren. Die Kollegen finden sich untereinander in den Akten einfach nicht zurecht.

So wird es einfacher

Die Regeln der MAPPEI-Methode können hier Abhilfe schaffen. Wenn das in diesem Buch beschriebene Vorgehen und die Regeln wie das Prinzip der Sofort-Ordnung (›S. 121ff.) bekannt sind und gelebt werden, dann wird es für Kolleginnen und Kollegen viel einfacher, sich auch an fremden Arbeitsplätzen zurechtzufinden. Eine gemeinsam genutzte und gepflegte Aktenablage lässt sich mit MAPPEI in nahezu allen Bereichen der Verwaltung in Industrie, Handel und Dienstleistung sehr gut realisieren.

Aktensystemplan

Sehr nützlich: der Aktensystemplan

Schlüssel für die Teamfähigkeit der Organisationsmittel von MAPPEI ist der Aktensystemplan(›S. 206ff.). Aus ihm geht hervor, welche Reiterfarbe eine bestimmte Akte bekommt. Ein Aktensystemplan kann auch auch für komplexere Anforderungen entwickelt werden, wie das folgende Beispiel andeutet. Es ist freilich nötig, diesen Plan schriftlich festzuhalten und neuen Mitarbeitern zu erklären.

55 mm Reiter

30 mm Reiter

	Finanzen	Personal	Verwaltung	Entwicklung		Absatz		Organisation	Beschaffung	Leistungs-erbringung	Recht/ Versicherungen	Geschäftsführung
a	Beziehungen: Hausbanken, sonstige, auch Leasing-Partner, Test	Personalbeschaffung und -entlassung	Grundstücke, Erwerb, Gestaltung und Verkauf	Produktentwicklung/ Sortimentsgestaltung		Marktbeobachtung (Absatzmärkte), Produkt-Marketing		Aufbau-Organisations-Fragen	Marktbeobachtung, Bezugsquellen-Sicherung	Produktions-planung	Rechtliche Beratung Vertragsfragen	Gesellschafts- u. Besitzverhältnisse, Gesellschafter
b	Finanzplanung lang- /mittel- /kurzfristig	Personalverwaltung Personalakten, Verträge, Unternehmen Öffentlichkeit	Gebäudegestaltung und -verwaltung, Betriebs- u. Wohngebäude	Produktionstechnische Entwicklung		Kunden- und Zielgruppen-Bearbeitung		Ablauf Organisations-Fragen	Lieferantenpflege	Arbeitsvorbereitung, Auftragsbearbeitung	Rechtsstreitigkeiten	Beteiligungen, Verbindungen mit and. Unternehmen, Kooperationen
c	Finanzielle Sicherheiten, erhaltene und gegebene, Immob. Belastungen	Tarif- und Vergütungsfragen Nebenentgelte, Übersichten	Instandhaltung der Gebäude und Einrichtungen	Produkt-Dokumentation		Werbung für die Produkte		Organisationsmittel-Fragen, auch Vordrucke Arbeitsplatzgestaltung	Materialbeschaffung auch Import, Beschaffungslogistik	Produktionsmittel auswahl und -gestaltung	Beobachtung der Entwicklung der Gesetze und Vorschriften	Gesellschaftsverträge, Umwandlungen, steuerliche Gestaltungen
d	Geldbestände, Zahlungsverkehr, Mahnwesen, Insolvenzen	Arbeitszeit-Gestaltung, Urlaub und Krankheit	Prod.-Mittel-Verwaltung und Instandhaltung	Qualitätswesen/ Zertifizierung, Produktverantwortung und -haftung		Organisation der Vertriebsfunktionen		Informations-Versorgung, Veröffentlichungen, Dokumentation	Einkauf großer Investitionsgüter	Erstellung von Werkzeugen/ Vorrichtungen		Registereinträge, Genehmigungen, entspr. Behördenbeziehungen
e	Buchhaltung, laufend	Personal-Abrechnung		Produktrechtsschutz, Patente, Lizenzen, WZ		Vertriebsprojekte		Ordnungs- und Arbeitssysteme	Dienstleistungen, Beschaffung	Zeitwirtschaft		Gesamtunternehms-Tätigkeit (übergr. Plg.)
f	Buchhaltungsabschlüsse, Bilanzen	Personalvertretung Betriebsverfassung, Arbeitsrechtliche Vorschriften	Inventar- und Fuhrparkverwaltung			Preis- und Konditionengestaltung		Organisatorische Einzel-Projekte	Wareneingang, Prüfung, Reklamationen	Fertigung Vor- und Endprodukte, Mat. Verbrauch	Versicherungs-Vorgänge	Organe des Unternehmens u. deren Tätigkei; auch (unserer) Mitglieder
g	Kapital- und Zinsverkehr, Konzernverrechnung	Personalausbildung und -entwicklung, Betr. Vorschlagswesen				Vertriebs-Planungen und Programme		Führung Mitarbeiter bzw. Einh., Disposition u. Anweisungen	Lagerhaltung für Materialien	Verarbeitungstechnik bzw. Montage beim Kunden		Vollmachten an Personen, auch spez. für die Unterschriften
h	Controlling, Kostenrechnung	Arbeitsschutz, Unfallverhütung, Betriebssicherheit				Absatzfinanzierung		DV-Installation, Unterstützung, Hard- und Software Einsatz/Entwicklung		Lagerung in der Fertigung, Fertigungslogistik		Mitgliedschaften von/in anderen Institutionen
i	Betriebswirtschaftliche Auswertungen, Kennzahlen	Beziehungen, Sozialversicherer, Meldung der Arbeitnehmer i. d. Sozialversicherung	Steuerung, Betrieb u. Kontrolle der allgemeinen Dienste			Anfragen, Verkauf und Auftragsabwicklung, Versand			Verkauf, Verwertg. u. Entsorgung von Überschüssen und Abfällen	Personaldisposition in der lfd. Arbeit auf wechselnde Plätze	Revision interne	Corporate Identity/Design, Entwicklung und Änderung, PR-Arbeit
k	Steuern auf Besitz, Betrieb und Ertrag, Zwangsbeiträge	Gestaltung freiwilliger Sozialleistungen				Fertigwaren-Lagerung, Distributionslogistik				Umweltschutz bezüglich Emissionen aus Produktion/Produkten		Räumliche Verteilung/Dezentralisierung des Unternehmens
l	Statistische Meldungen an Behörden und Verbände	Gestaltung und Abwicklung der sozialen Betreuung der Mitarbeiter				Kundendienst und Reklamationsabwicklung				Entsorgung von Produktionsabfällen u. Hausmüll		Organisationsentwicklung: Konzeptänderung, Outsourcing u. ä.
m	Zoll-Verwaltungs-Funktionen, admin. Abwicklung von Importen/Exporten	Wohnungsversorgung für Mitarbeiter, Gestaltung und Betrieb	Beispiel Klein- und Mittelständische Unternehmen									Geschäftsberichte, Auskünfte, Firmengeschichte, Archiv, Jubiläen, auch externe

Egal, in welcher Abteilung jemand arbeitet: Das gemeinsame Verständnis der Farbcodierung untertützt ihn dabei, eine Akte so anzulegen, dass sie auch von Mitarbeitern einer anderen Abteilung rasch gefunden werden kann – ohne dass sie die Akte jemals vorher gesehen haben.

Das System ist durchgängig

Durchgängig vom Entstehen bis ins Archiv

Ein wichtiges Merkmal der MAPPEI-Methode ist die Durchgängigkeit der Organisation: Vom Entstehen des Vorgangs über die verschiedenen Bearbeitungsphasen bis zum Lagern im Archiv befinden sich alle Unterlagen stets in derselben Mappe und sind mit dem gleichen Reiter gekennzeichnet.

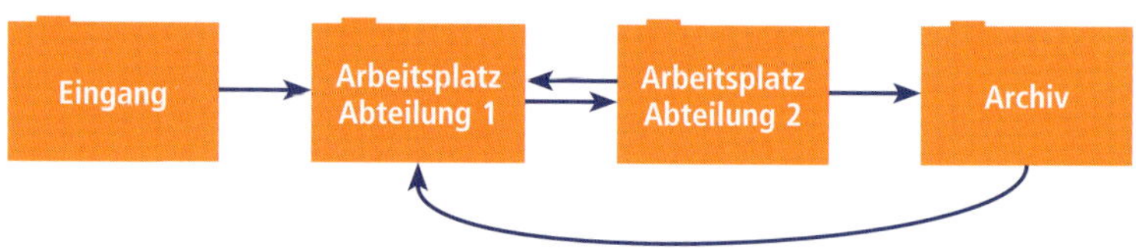

Die Dokumente folgen einem einheitlichen Organisationssystem und der gleichen Ordnungsweise. Dabei ist es egal, ob sich eine Akte am Schreibtisch oder im Archiv befindet. Somit entfallen Arbeitsschritte, wie sie bei anderen Ordnungsmitteln – zum Beispiel Aktenordnern – vorkommen: Ein Umheften, Zusammenfassen oder auch Neusortieren ist unnötig.

Von Anfang an organisiert

Vorteilhaft ist dabei auch, dass alle Vorgänge schon bei der ersten Bearbeitung organisiert werden. Denn eine Mappe muss ja nur einmal angelegt und gekennzeichnet werden. Zu diesem Zeitpunkt – bei Entstehen des Vorgangs – werden bereits alle Schriftstücke und Dokumente, die Teil des Vorgangs sind, lose in die Mappe eingelegt.

Wird die Akte nicht mehr bearbeitet, dann wird sie beispielsweise in einer Mappothèque gelagert (›S. 118). Weil jede Mappe durch den Aktensystemplan einen eindeutig definierten Platz erhält, ergibt sich eine sachgerechte und übersichtliche Gliederung aller Mappen. Dadurch ist gewährleistet, dass jeder Mitarbeiter in jeder Phase alle Dokumente sofort findet.

Aus dem Archiv in die aktuelle Ablage

Wenn ein Vorgang abgeschlossen ist, werden die Mappen samt ihrer Papiere archiviert – zumindest dann, wenn sie zu den Unterlagen gehören, für die der Gesetzgeber eine Aufbewahrungsfrist vorschreibt. Auch nach Jahren ist ein gewünschter Vorgang dank des eindeutigen Ordnungssystems rasch auffindbar. Bei Bedarf kann er sofort wieder in die aktuelle Ablage integriert werden.

Fehler fallen sofort auf

Die Instrumente machen es leicht

Voraussetzung für eine funktionierende Teamarbeit ist, dass Verabredungen getroffen wurden und diese Verabredungen auch eingehalten werden. Da dieses Einhalten durch die Instrumente leicht gemacht wird, bedarf es keiner besonderen Anstrengungen. Außerdem fallen eventuelle Fehler sofort auf.

Beispiel: gelbe und rote Reiter

Angenommen, interne Personalakten werden mit einem roten Reiter beschriftet, während Mandantenakten einen gelben Reiter bekommen. Wird nun eine Mappe in eine falsche Ordnungsbox eingestellt, springt dies gleich ins Auge.

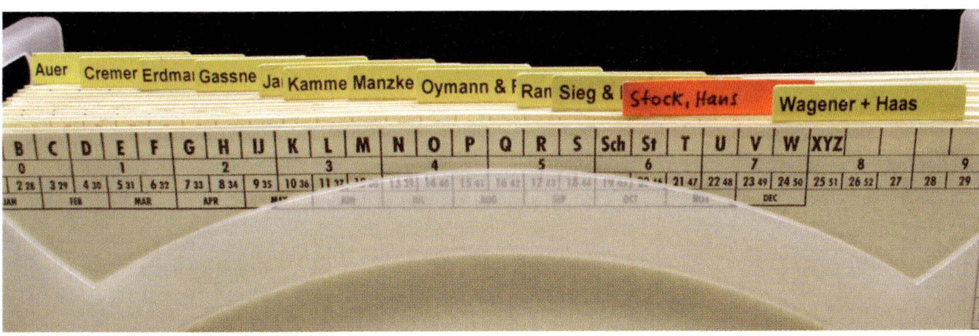

Dies gilt auch für den Fall, dass beim Beschriften der Reiter aus Versehen zur falschen Farbe gegriffen wurde. Doch dieses Szenario ist sehr unwahrscheinlich, denn Personalakten werden vermutlich nur im Personalbüro beschriftet, und Sachbearbeiter bzw. Assistenten außerhalb des Personalbüros brauchen an ihrem Arbeitsplatz gar keine roten Reiter. Daher ist die Gefahr von Farbverwechslungen beim Anlegen von Akten sehr gering. Und wenn tatsächlich mal zur falschen Farbe gegriffen wurde, dann fällt dies auch hier wieder spätestens beim Einstellen der Akte auf.

Ein nützliches Tool: die Out-Mappe

Nachteil von Papierakten

Akten in Papierform haben einen wesentlichen Nachteil: Sie sind in der Regel Unikate. Ein Unikat kann jedoch immer nur von einer Person bearbeitet werden. Problematisch wird es dann, wenn mehrere Mitarbeiter gleichzeitig auf einen Aktenbestand zugreifen wollen.

Um den Nachteil zu mindern, können Sie sogenannte Out-Mappen einsetzen. Eine Out-Mappe wird als Ersatz für die entnommene Originalakte eingestellt.

Out-Mappe

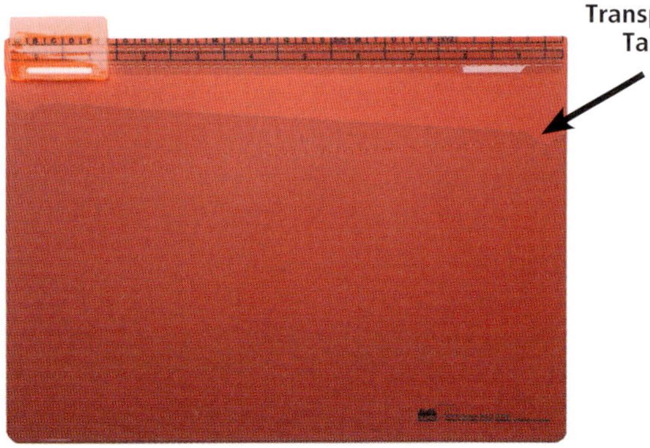

Transparente Tasche

An der Out-Mappe ist eine transparente Tasche angeschweißt (siehe Pfeil). Diese Tasche hat zwei Funktionen:

1. Sie kann eine Visitenkarte bzw. einen Zettel aufnehmen, auf dem steht, wo die benötigte Akte zu finden ist bzw. wer sie entnommen hat.
2. Papiere, die in der Zwischenzeit eintreffen und in diese Mappe gehören, können in der Tasche aufbewahrt werden, bis die Ordnungsmappe an ihren Platz zurückkehrt.

Fazit: MAPPEI hebt die Qualität der Zusammenarbeit

Ablagesysteme auf MAPPEI-Basis unterstützen Prozesse, die über den Schreibtisch des einzelnen Mitarbeiters hinausgehen sowie Abteilungsgrenzen überschreiten. Dies sorgt dafür, dass sich im

Rahmen von Vertretungsregelungen auch Kollegen an fremden Arbeitsplätzen zurechtfinden.

Keine Frage des Schönheitssinns

Ob die Arbeitsplätze ordentlich sind oder nicht, ist keine Frage des Schönheitssinns. Es ist eher die Frage, ob man weiter mit Reibungsverlusten leben möchte. Denn so gut sich mancher auch im Chaos fühlen mag: Unordnung ist mit mehreren Nachteilen verbunden – vor allem für das Team, zu dem man gehört, und für das Unternehmen, das einen bezahlt.

Unordnung

Unordnung

- verstopft Räume,
- raubt dem Team Zeit und dem Unternehmen Geld,
- beansprucht die Nerven,
- stört die Zusammenarbeit,
- zieht weitere Unordnung an.

So wie Unordnung mit verschiedenen Nachteilen verbunden ist, so bringt Ordnung eine Reihe von Vorteilen – für den einzelnen Mitarbeiter und damit wiederum zugleich für die Arbeitsgruppe, der er angehört.

Ordnung

Ordnung

- macht eine effektive Arbeitsgestaltung möglich,
- bringt Übersicht und Klarheit mit sich,
- bietet Raum für neue Erfolge und
- ist die Basis für eine reibungslose Zusammenarbeit.

Gemeinsam umstellen

Daher ist es auch am besten, wenn eine ganze Arbeitsgruppe ihre Aktenablage gemeinsam auf MAPPEI umstellt. Insellösungen bringen zwar auch etwas – aber nur für den Einzelnen, der sie nutzt. Das volle Potenzial der MAPPEI-Methode werden Sie erst dann ausschöpfen, wenn Sie Ihre Akten abteilungs- oder sogar unternehmensweit einheitlich und durchgängig organisieren.

Kapitel 8
Und wie sieht es mit den Kosten aus?

Bei der Auswahl der Organisationsmittel spielen freilich auch die Kosten eine entscheidende Rolle.

Individuelle Lösungen

Die MAPPEI-Methode macht individuelle Organisationslösungen nicht nur möglich, sondern entfaltet ihre Vorteile gerade dann in idealer Weise, wenn Aktenplan und Arbeitsweise möglichst passgenau auf die Anforderungen der jeweiligen Organisation abgestimmt sind. Dementsprechend unterscheidet sich die Zusammenstellung der jeweils nötigen Produkte von Anwender zu Anwender.

Wie das MAPPEI-System im Kostenvergleich abschneidet, lässt sich daher auch nur von Fall zu Fall feststellen, denn die Bedürfnisse unterscheiden sich von Büro zu Büro sehr stark.

Organisationsanalyse

Nicht zuletzt aus diesem Grund ist es sinnvoll, zumindest in der Einstiegsphase auf das Know-how der MAPPEI-Berater zurückzugreifen. Die Berater bieten eine detaillierte Analyse vor Ort an und erarbeiten anschließend Vorschläge. Dabei wird

- der *Ist-Zustand* erfasst (unter Berücksichtigung von Art und Anzahl der Schriftgutbehälter, der Möbel bzw. Regale sowie der Arbeitszeit),
- dargestellt, wie eine *Organisation mit MAPPEI* aussehen kann,
- aufgezeigt, mit welchen *Kosten* die *Neuorganisation* verbunden wäre (ebenfalls unter Berücksichtigung von Art und Anzahl der Schriftgutbehälter, der Möbel sowie der Arbeitszeit).

Die möglichen Spareffekte werden den nötigen Investitionen gegenübergestellt. Aus den sich ergebenden Minderkosten lässt sich die Zeit bis zur Amortisation der Investition ableiten.

Registraturkosten

Sie sehen schon: Das Ermitteln der Kosten darf sich nicht auf die reinen *Materialkosten* beschränken. Denn zu den Registraturkosten tragen auch *Personalkosten* sowie – *Raumkosten* bei. Die Personalkosten machen dabei den mit Abstand bedeutendsten Anteil an den Registraturkosten aus, noch vor den Raumkosten und den reinen Materialkosten.

Die Personal- sowie Raumkosten sind daher in der Gesamtrechnung entsprechend zu berücksichtigen:

Personalkosten

- *Personalkosten*
  Weil die Vorgänge klein sowie sinnvoll gegliedert sind, ergeben sie in Kombination mit dem übersichtlichen Kennzeichnungssystem verringerte Suchzeiten und schnellere Zugriffe auf die benötigten Akten. Durch die MAPPEI-Methode können Organisationen ihren Arbeitsaufwand für Ablagearbeiten nachweisbar um bis zu 50 Prozent reduzieren.
  Wie schnell sich das Arbeiten nach der MAPPEI-Methode im Einzelfall rechnet, ist von der jeweiligen Kostenstruktur abhängig. Je höher der Stundenlohn (inkl. Lohnnebenkosten) und je höher das zeitliche Einsparpotenzial, desto eher kann sich die Investition amortisieren.
  Verschwendete ein Angestellter mit einem Stundenlohn von 40 Euro vor der Umstellung beispielsweise täglich 50 Minuten für den Rückgriff auf Vorgänge (einschließlich Suchzeiten), so können täglich ca. 33 Euro gespart bzw. kann die entsprechende Zeit nun effektiv genutzt werden.

- *Raumkosten*

Raumkosten

Der Raum, den die Akten zur Aufbewahrung benötigen, ist in der Regel ebenfalls mit Kosten verbunden. Die Organisationsmittel von MAPPEI verbrauchen nur unwesentlich mehr Raum als die zu organisierenden Papiere. In Kapitel 4 wurde dies bereits dargestellt (›S. 33ff.). Da auf platzraubende Mechaniken verzichtet wird, führt der Einsatz von MAPPEI zu Einspareffekten. Je mehr Akten Sie vor der Umstellung auf MAPPEI mit Hebelordnern oder Hängemappen organisierten, desto höher ist das Einsparpotenzial. Bei Hebelordnern kommen noch die Höhenvorteile des MAPPEI-Systems hinzu (wo Sie mit Hebelordnern sechs Reihen übereinander ins Regal bekommen, passen mit MAPPEI acht Reihen hinein, ›S. 38). Je nach Raumeinsparpotenzial ist es möglich, Miete zu sparen bzw. vorhandenen Platz nicht mehr für die Ablage, sondern für wertschöpfende Tätigkeiten zu nutzen.

Materialkosten

Bei Anwendung der MAPPEI-Methode werden die bisherigen Materialkosten ersetzt durch die Aufwendungen für:

- Ordnungsmappen
- Ordnungsboxen
- Reiter
- Zubehör

Kosten für die Aufbewahrung

Darüber hinaus sind auch Kosten zu berücksichtigen, die für die Aufbewahrung der Ordnungsboxen entstehen. Wenn Sie nur wenige Boxen nutzen, spielen diese Kosten nur eine nachgeordnete Rolle. Verwalten Sie jedoch größere Aktenbestände, fallen auch die Kosten für Möbel ins Gewicht. Da Sie die Boxen in herkömmlichen Büroschränken abstellen können, ist es möglich, die vorhandenen Möbel weiter zu nutzen. Dabei können sich bereits Einspareffekte ergeben, weil – wie bereits angedeutet – die Ordnungsmappen weniger Platz verbrauchen als Aktenordner und Hängemappen. Es kann auch sein, dass Sie manche Möbel gar nicht mehr benötigen.

Aktuelle Preise

Um Ihnen eine Vorstellung davon zu vermitteln, mit welchen Materialkosten der Einsatz von MAPPEI verbunden ist, wäre der Abdruck von Zahlen in diesem Buch der falsche Weg: Die Preise ändern sich, und die individuellen Anforderungen sind zu unterschiedlich, um Beispiele darzustellen, die für eine große Lesergruppe interessant sind. Sie finden aktuelle Zahlen auf der Website www.mappei.com. Von dort gelangen Sie in den Shop-Bereich. Sie können sich dort die unterschiedlichen Produkte anschauen. Preise erfahren Sie jedoch erst, nachdem Sie sich registriert haben (Stand: Februar 2010). Das ist zugegebenerweise etwas umständlich. Sie können sich auch telefonisch oder per E-Mail an die MAPPEI-Mitarbeiter wenden.

Für kleine Anwendungen nur bedingt geeignet

Sie werden sehen: Eine einzelne Ordnungsmappe kostet nur den Bruchteil eines Euros. In einer gefüllten Ordnungsbox können jedoch schnell Materialkosten von 30 Euro stecken. Wenn Sie ausschließlich auf die Materialkosten sehen müssen und Sie über eine stabile Frusttoleranz, viel Platz und vor allem viel Zeit verfügen, wird sich der Umstieg vermutlich nicht lohnen. Das gilt auch, wenn Sie nur ein oder zwei Ordnungsboxen anschaffen möchten. Die Verpackungseinheiten sind vergleichsweise groß, für kleinere Bestellungen ist ein Mindermengenzuschlag fällig, und eine kostenfreie Lieferung ist ebenfalls erst ab einer dreistelligen Summe möglich.

Entscheidung von Fall zu Fall

Wie eingangs schon gesagt: Ob sich die Investitionen auch in Ihrem Büro lohnen würden, lässt sich in diesem Buch nicht verbindlich sagen. Das kann man nur von Fall zu Fall entscheiden.

Kapitel 9
Risiken und Nebenwirkungen

Große Unsicherheiten

Die MAPPEI-Methode ist vielen noch kaum bekannt. Entsprechend groß sind die Unsicherheiten, ja sogar Widerstände derjenigen, die sich zum ersten Mal mit der MAPPEI-Methode befassen. Manche, die noch mit traditionellen Organisationsmitteln arbeiten, sehen vor allem Risiken und Nebenwirkungen.

Ablage nicht mehr sicher?

Wer seine Akten mit der MAPPEI-Methode organisiert, der macht viele Dinge anders. Manches davon mag auf den ersten Blick absurd aussehen. Dazu gehört beispielsweise, dass die Blätter nicht mehr gelocht werden. Wer ein Leben lang Blätter gelocht hat, mag den Verzicht zunächst nicht verstehen. Er kann befürchten, dass die Ablage dann nicht mehr so sicher sei.

Die drei Phasen einer Wahrheit

Dass diese Reaktionen normal sind, verdeutlicht eine Aussage, die wohl auf den deutschen Philosophen Arthur Schopenhauer zurückgeht: »Jede Wahrheit durchläuft drei Phasen: Zuerst wird sie lächerlich gemacht, dann wird sie heftig attackiert und schließlich als selbstverständlich akzeptiert.«

Und was die scheinbar absurden Seiten angeht, so gibt es auch hier eine kluge Aussage: »Wenn eine Idee am Anfang nicht absurd klingt, dann gibt es keine Hoffnung für sie.« (Albert Einstein)

Einige Einwände

In diesem Kapitel liste ich einige Einwände auf, die mir im Laufe der Zeit begegnet sind. Ich schreibe dann jeweils dazu, wie ich aus Sicht eines Anwenders denke. Dieser Abschnitt des Buches ist für

Sie interessant, wenn Sie die hier benannten Fragen und Einwände ebenfalls haben. Die folgenden Seiten sind auch dann hilfreich, wenn Sie von Kolleginnen und Kollegen damit konfrontiert werden, die mit der MAPPEI-Methode arbeiten sollen, aber zunächst vor dem Umstieg zurückschrecken.

■ *»Im Hebelordner ist alles geheftet und damit ordentlich und sicher.«*

Angst vor losen Blättern

Vielleicht denken Sie: »Auf meinem Schreibtisch liegen schon genug lose Blätter. Es kostet schon jetzt viel Kraft, den Überblick zu bewahren.« Erst dann, wenn die Blätter im Hebelordner eingeheftet sind, hört der Schrecken der losen Blätter für Sie auf.

Gut verpackt

Wenn Sie Ihre Unterlagen mit Einstellmappen organisieren, sind Ihre Papiere ebenfalls gut verpackt. Da eine Mappe nur die Papiere eines Vorgangs enthält, bietet sie oft genug sogar mehr Ordnung als ein Hebelordner, in dem Sie unter Hunderten Blättern erst mal das richtige finden müssen.

Und was die Sicherheit angeht: Die einzig offene Seite ist die nach oben. Im abgestellten Zustand kann nichts herausfallen.

Es kann nichts durcheinandergeraten

Da eine Kernidee der MAPPEI-Methode darin besteht, den Schreibtisch frei zu halten und nur die Unterlagen vor sich zu haben, die für das Bearbeiten der aktuellen Aufgabe gerade nötig sind, kann auch hier nichts durcheinandergeraten.

Wenige Handgriffe

Da sich die Papiere ohne großen Aufwand schnell wieder einsortieren lassen, ist die Ordnung auch rasch wiederhergestellt. Bei Hebelordnern sind mehr Handgriffe nötig – was oft genug dazu führt, dass das Zurücksortieren vernachlässigt wird und damit die Stapel sowie die Unordnung wachsen.

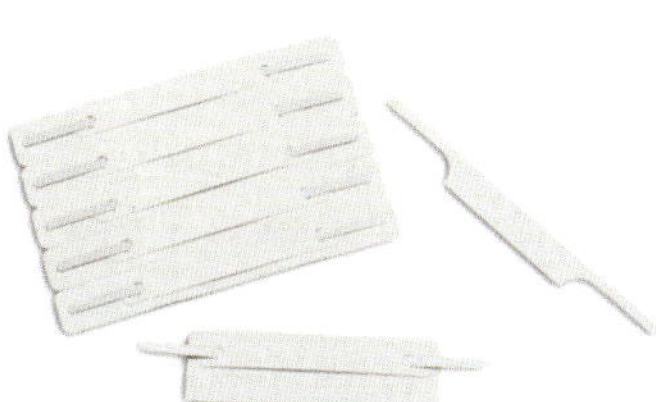

Selbstklebende Heftvorrichtungen

In manchen Fällen ist eine geheftete Ablage sinnvoll oder sogar notwendig. Dafür gibt es zum einen mehrere unterschiedliche selbstklebende Heftvorrichtungen. Mit diesen können Sie die betroffene Ordnungsmappe ergänzen.

Zudem gibt es auch Stehhefter (›S. 83) und den »MAPPEI-Ordner« (in der Sprache des MAPPEI-Produktprogramms als VARIO-Dehnhefter bezeichnet) (›S. 85).

»Ich war in unserem Bürofachhandel, dort gab es nichts von MAPPEI zu kaufen.«

Nur im Direktvertrieb erhältlich

Die Produkte gibt es nur direkt beim Hersteller. Die Produktpalette ist sehr vielfältig, sie besteht aus Hunderten verschiedenen Erzeugnissen. Dem Fachhandel ist sicher nicht zuzumuten, diese Produktvielfalt vorrätig zu halten. Wer aber eine Lösung möchte, die genau auf seine Bedürfnisse abgestimmt ist, muss aus der Vielfalt der Möglichkeiten auswählen können. Zudem sind die Potenziale der MAPPEI-Methode ohne eine entsprechende Fachberatung kaum zu erschließen (es sei denn, Sie haben dieses Buch gelesen). Daher hat sich der Hersteller entschlossen, die Produkte nur im Direktvertrieb anzubieten.

»Organisationsberater von MAPPEI kommen vor Ort, um eine detaillierte Analyse zu erstellen – das klingt umständlich und kostet auch Zeit.«

Der Zeiteinsatz wird wieder eingespielt

In Deutschland, Österreich, der Schweiz und in Südtirol bietet MAPPEI die Beratung am Arbeitsplatz durch einen Mitarbeiter an. Die Beratung ist kostenlos und gehört zum Service des Herstellers. Gegenstand sind eine Prozessanalyse sowie ein Organisationsvorschlag. All das kostet Zeit, das ist richtig. Doch es geht um das Gestalten wichtiger Rahmenbedingungen. Es geht um die Frage, ob Sie besser, entspannter und zugleich schneller arbeiten können. Die Praxis zeigt, dass der Zeiteinsatz wieder eingespielt wird. Und: Wenn Sie etwa eine neue Telefonanlage kaufen, lassen Sie sich auch beraten.

»Ich habe den Eindruck, dass ich mir erst einen Berater ins Haus holen muss, bevor ich richtig loslegen kann. Diese persönliche Nähe geht mir zu weit.«

Je größer die Umstellung, desto wichtiger die Beratung

Natürlich können Sie auch ohne Berater starten. Das gilt vor allem dann, wenn Sie dieses Buch gelesen haben und schon eine klare Vorstellung davon entwickeln konnten, wie Ihre neue Organisation konkret aussehen und funktionieren soll. Andererseits ist es so, dass die Organisationsberater schon viele Büros gesehen haben und Ihnen eine Fülle erprobter Tipps an die Hand geben können. Als Faustregel gilt: Je größer die geplante Umstellung ausfallen soll, desto ratsamer ist es, einen Organisationsberater hinzuzuziehen.

Und was die persönliche Nähe angeht: Ja, der eigene Schreibtisch, das eigene Arbeitsumfeld haben etwas Persönliches. Schließlich verbringen Sie dort einen großen Teil Ihres Lebens. Andererseits ist auch ein Arztbesuch etwas sehr Persönliches. Der Arzt untersucht Sie, sieht und deutet die Symptome, kennt die nächsten Schritte und sorgt für das Funktionieren des Körpers. Beim Organisationsberater ist es ähnlich: Er schaut sich den Arbeitsplatz an, sieht und deutet die Symptome (z. B. Stapel), kennt die nächsten Schritte und sorgt für das Funktionieren des Büros.

- ***»Meinem Chef gebe ich lieber einen kompletten Ordner mit in die Sitzung als sieben einzelne Mappen, von denen jede einzelne verloren gehen kann.«***

Nur das, was der Chef braucht

Wenn bei Ihrem Chef die Gefahr besteht, dass eine Mappe verloren geht, dann besteht mit einiger Wahrscheinlichkeit auch die Gefahr, dass ein Ordner verloren geht. Außerdem: Ihr Chef wird sich darüber freuen, dass er nur die Dokumente vor Augen hat, die er in der Sitzung benötigt, und nicht Hunderte von Blättern, die keine Rolle spielen.

Gut sortierte Unterlagen

Es gibt übrigens Chefs, für die ist das Arbeiten mit der MAPPEI-Methode förmlich ein Genuss. In die Sitzung gehen sie mit gut sortierten Unterlagen. Das ist meist ganz einfach, da es für die angesprochenen Tagesordnungspunkte entweder schon eigene Organisationsmappen gibt oder diese ohne viel Aufwand angelegt werden können. Das Anlegen ist natürlich nur dann sinnvoll, falls es Unterlagen gibt, die später weiterbearbeitet werden. Die Mappen werden entprechend den Tagesordnungspunkten in eine Reihenfolge gebracht. Während der Sitzung sind die nötigen Papiere mit einem Griff zur Hand – ohne dass sich der Chef mit unnötigen Akten abschleppen muss.

- ***»Mir ist suspekt, dass man aus diesen Mappen Blätter herausnehmen kann, ohne einen Hebel zu betätigen. Dann fehlt mir nämlich nachher die Hälfte und bei meinem Chef fliegen lauter einzelne Blätter herum.«***

Papiere wieder in die Mappe legen

Das ist eine Frage der Gewohnheit. Beispielsweise ist es hilfreich, die Papiere eines Vorgangs nach der Bearbeitung gleich wieder in die Mappe zu legen. Das ist nur ein Handgriff. Weniger hilfreich ist es, dem Sekretariat leere Mappen zu überlassen, damit es dann die Unterlagen wieder einsortiert.

Alle können profitieren

Wenn Sie mit der MAPPEI-Methode arbeiten, ist es sinnvoll, einige wenige Prinzipien und Regeln zu beachten (›S. 120ff.). Das kann auch eine Führungskraft. Das mag zwar mit Umstellungen verbunden sein, doch letztlich werden davon alle Beteiligten profitieren.

Und nebenbei: Auch wer aus Hängemappen Papiere entnimmt und sie nicht wieder einsortiert, wird sein Sekretariat zur Verzweiflung bringen. Wenn ein Vorgesetzter chaotisch ist, dann ist nicht die MAPPEI-Methode die Ursache dafür. Die MAPPEI-Methode kann jedoch dazu beitragen, dieses Chaos einzudämmen.

■ »Meine Vorgänge sind so groß, dass sie nicht in die Ordnungsmappen passen.«

Auch für große Vorgänge gibt es Mappen

Für Vorgänge, die sehr umfangreich sind, reicht auch ein einzelner Hebelordner nicht aus. Es gibt Ordnungsmappen verschiedener Stärke und Ausführungen (›S. 75ff.). Die größte Mappe – der VARIO-Dehnsammler (»MAPPEI-Ordner«) – fasst 600 Blatt Papier und damit sogar etwas mehr als ein normaler Hebelordner (›S. 85).

Was mir aber noch wichtiger erscheint: Die meisten voluminösen Vorgänge setzen sich bei genauerer Betrachtung aus vielen kleinen Vorgängen zusammen. Sie lassen sich also in kleinere Einheiten auflösen. Das erleichtert auch den Rückgriff und das Bearbeiten.

■ »Zur MAPPEI-Methode gehören einige Prinzipien. Engt das nicht zu sehr ein?«

Die Organisationsmittel von MAPPEI bringen auch ohne die Beachtung dieser Prinzipien einige Vorteile – beispielsweise sparen sie Platz. Die Methode wird ihre Vorteile jedoch erst dann voll ausspielen, wenn sich die Nutzer an die Prinzipien halten und ihr Verhalten umstellen.

Die Prinzipien stiften Nutzen

Beispielsweise ist die Sofort-Ordnung nur dann möglich, wenn die eingehenden Papiere auch sofort in eine Mappe gelegt werden (›S. 121). Der schnelle Rückgriff auf Dokumente ist nur dann gegeben, wenn das Prinzip der Aktentrennung gelebt wird (›S. 43). Die Prinzipien sind also nicht dazu da, um einem das Leben schwerer zu machen, sondern um Nutzen zu stiften.

Das lässt sich gut mit der Straßenverkehrsordnung vergleichen. Ein Auto kann nur derjenige dauerhaft erfolgreich fahren, der sich an die Verkehrsregeln hält. Je mehr Autos unterwegs sind, umso feiner muss das Regelsystem ausdifferenziert werden. Als es anfangs nur sehr wenige Autos gab, war es in kleineren Ortschaften beispielsweise egal, auf welcher Seite jemand fuhr – da es keinen Gegenverkehr gab. Mit steigendem Verkehrsaufkommen mussten Fragen wie diese jedoch geregelt werden. Die Regeln sind nützlich. Sie schaffen Klarheit und helfen, Unfälle zu vermeiden.

Beispiel: Rechtsverkehr

In Zeiten steigenden Arbeitsaufkommens ist es ebenfalls nützlich, einige Regeln auszudifferenzieren. Die Regeln haben nicht die Funktion, die Mitarbeiter einzuengen, sondern sollen ihnen durch einen Alltag hindurchhelfen, in dem die Herausforderungen eher wachsen als abnehmen.

Durch den Alltag hindurchhelfen

- ***»MAPPEI im Vergleich zu Ordnern und Hängemappen als die beste Lösung hinzustellen, ist doch kein Weg. Niemand erfährt gerne, dass das, was er bislang gemacht hat, falsch ist und er auf ein anderes System umsteigen soll.«***

Welche Organisationsmittel am besten sind, muss jedes Unternehmen für sich selbst entscheiden. Wer verschiedene Aktenbehältnisse miteinander vergleicht und sich dabei die Fakten anschaut, der wird bei nüchterner Betrachtung feststellen, dass die Organisationsmittel von MAPPEI im Vergleich zu Hängemappen und Hebelordnern recht gut abschneiden. Dies ist nicht nur mit Blick auf den Zeit- und Platzbedarf so, sondern auch hinsichtlich anderer Kriterien (›S. 23ff.).

Doch zeigt die Aussage ja schon an, dass Entscheidungsfindungen nicht nur rational ablaufen. Auch Emotionen spielen eine Rolle. Da das Arbeiten nach der MAPPEI-Methode ebenfalls Emotionen mit sich bringt – Gefühle der Klarheit, Übersicht und Ruhe –, lautet der Rat: Probieren Sie es einfach mal aus.

Probieren Sie es mal aus

Wer mit MAPPEI beginnen möchte, der muss sich von lieb gewordenen Gewohnheiten verabschieden. Das war beim Umstieg von der Kutsche auf das Automobil ähnlich. Wer als Kutscher arbeitete, fand es vielleicht besonders schön, den Pferden das Geschirr

Kutsche und Auto

anzulegen oder – bei langen Reisen – auszuruhen und zu übernachten, damit sich die Pferde erholen konnten. Beim Automobil hingegen müssen Werkstatttermine wahrgenommen werden. Wer sich nun daran gewöhnt hat, dass sein Schreibtisch mit Papieren übersät ist, wer seine Blätter locht und gerne ein- und ausheftet, wer gerne zum Aktenregal geht, um Hebelordner herauszuholen und wieder hereinzustellen, wird all das nach der Umstellung auf MAPPEI nicht mehr tun. Je nach Persönlichkeitstyp wird er oder sie etwas vermissen. Andererseits: Ist es nicht angenehm, von all diesen sich summierenden Loch-, Heft- und Laufzeiten gar nicht mehr beansprucht zu werden und stattdessen Zeit zu haben, um entspannt durchzuatmen?

Manche nahmen Abstand

Der Vergleich von Kutsche und Automobil eignet sich auch dazu, auf einen weiteren Punkt aufmerksam zu machen. Beim Aufkommen der Autos mag sich ebenfalls mancher gesagt haben: »Was ist falsch daran, eine Kutsche zu führen?« Die Vorbehalte waren groß: Die Anschaffung eines Autos ist teurer, ein Auto verbraucht Kraftstoff, ein Auto macht einen abhängig von Tankstellen. Wer sich bei der Entscheidungsfindung auf Probleme wie diese konzentrierte, nahm vom Kauf konsequenterweise Abstand.

Mindestmaß an Aufgeschlossenheit

Ähnlich verhält es sich mit der Entscheidung für oder gegen die MAPPEI-Methode: Wer beispielsweise nur den Preis der Produkte vor Augen hat und die weiter vorn beschriebenen Aspekte wie Ersparnis von Platz und Zeit sowie die Wirkungen wie das konzentriertere Arbeiten außer Acht lässt, wird mit MAPPEI nicht viel anfangen können. Der Umstieg verlangt ein bisschen Aufgeschlossenheit – wie damals beim Umstieg auf das Auto. Wer sich vor dem Unbekannten fürchtet, wird es eher lassen. Er bzw. sie muss dann allerdings auch auf die Vorteile verzichten.

Teil I

Die Instrumente

Wenn Sie mit der MAPPEI-Methode arbeiten, gehen Sie beim Ablegen eines Dokuments vier Schritte:

1. *Bekommen Sie ein Dokument auf den Tisch, überlegen Sie zunächst, ob dafür bereits eine Ordnungsmappe besteht und Sie es dort ablegen können. Gibt es noch keine passende Mappe, legen Sie eine an. Sie können aus der Vielfalt der angebotenen Mappen die richtige auswählen (Kapitel 1 »Ordnungsmappen«, S. 75ff.)*

2. *Wählen Sie einen passenden Reiter (Kapitel 2 »Reiter«, S. 92ff.). Beschriften Sie ihn mit einem eindeutigen Begriff, und zwar links, damit die Beschriftung auch dann gut zu lesen ist, wenn viele Mappen in einer Box stehen. Kleben Sie den Reiter von hinten an der entsprechenden Position an die Ordnungsmappe an. Meist ergibt sich die Position aus dem Alphabet (wenn Sie mit Begriffen oder Namen arbeiten).*

3. *Falls es noch keine Ordnungsbox für die Mappe gibt, legen Sie nun eine an (Kapitel 3 »Ordnungsboxen«, S. 102ff.). Stellen Sie die Mappe in die Box. Mappen mit dem Anfangsbuchstaben »A« stehen dabei ganz hinten, Mappen mit »Z« ganz vorn. Somit ist zumindest der Anfangsbuchstabe eines Reiters immer sichtbar, selbst wenn sehr viele Mappen in einer Box stehen.*

4. *Finden Sie für die Box(en) einen geeigneten Abstellplatz. Nutzen Sie beispielsweise einen bestehenden Rollcontainer, montieren Sie Teleskopauszüge auf Regalböden, verwenden Sie einen Akten-Caddy oder setzen Sie die Mappothèque für 50 bzw. 75 Boxen ein (Kapitel 4 »Zubehör«, S. 112ff.).*

Kapitel 1
Ordnungsmappen

50 verschiedene Mappenvarianten

Das Instrument, mit dem Sie bei Anwendung der MAPPEI-Methode am häufigsten Berührung haben, ist die Ordnungsmappe. Ob Sie nur ein einzelnes Blatt ablegen möchten oder gleich bis zu 600 Blätter auf einmal – für jede Nutzung gibt es eine passende Mappe. Insgesamt liefert MAPPEI etwa 50 verschiedene Mappenvarianten, von denen die wichtigsten in diesem Kapitel porträtiert werden (einige weitere Produktbeschreibungen finden Sie unter www.ordnung-ohne-stress.de).

Gemeinsame Eigenschaften

Auch wenn die Mappen, die auf den folgenden Seiten vorgestellt werden, recht unterschiedlich sind, so haben sie alle die folgenden Eigenschaften:

- Alle Mappen verbrauchen nur unwesentlich mehr Raum als ihr Inhalt.
- An den Seiten haben die Mappen Seitenklappen. Diese Klappen sichern die Papiere gegen seitliches Herausrutschen. Außerdem stabilisieren sie die Mappen.

Praktische Seitenklappen

Nicht nur Ablagebehälter

- Alle Mappen können als Arbeitsmappen genutzt werden und nicht nur als Ablagebehälter. Das heißt, Sie haben die Mappe vor sich, während Sie den Vorgang bearbeiten. Bei den Mappen aus Karton können Sie zudem die Vorder-, Rück- und Innenseite für Notizen nutzen.

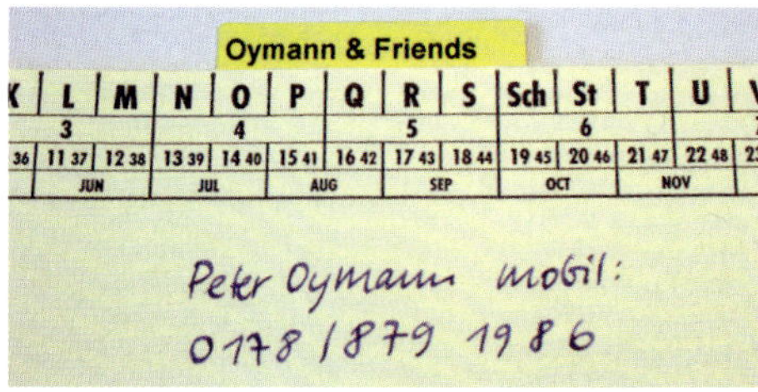

- Die Ordnungsmappen für DIN A4 haben ein Format von 315 mm x 225 mm. Es ist vom DIN-C4-Format für Briefhüllen abgeleitet.
- Die Mappen haben einen Aufdruck, der beim Positionieren der Reiter hilft.

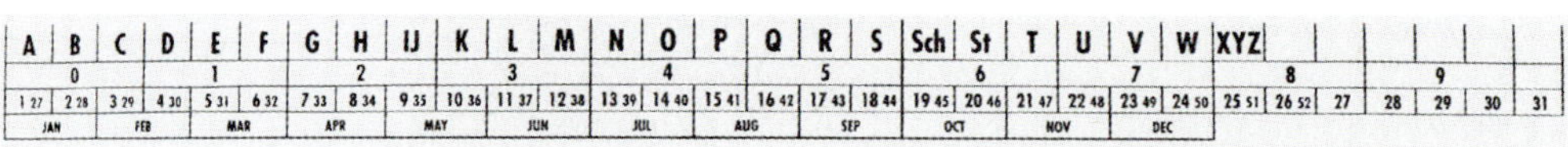

- Wenn Sie die jüngsten Schriftstücke stets vorne einlegen, ergibt sich von allein eine chronologische Ordnung. Das geht sogar oft, ohne die Mappe aus der Box zu entnehmen.

Mappen aus Karton

Für Mappen aus Karton gilt:

- Die Ordnungsmappen können als Einwegmappen verwendet werden: Von der Bearbeitung über die Archivierung bis zur Entsorgung bleiben die Vorgänge in der gleichen Mappe. Ist die Aufbewahrungsfrist abgelaufen, können die Papiere einschließlich der Mappe vernichtet werden.
- Wer die Mappe erneut verwenden möchte, kann den Reiter abschneiden und einen neuen aufkleben (MAPPEI wird diesen Tipp sicher mit hochgezogenen Augenbrauen lesen …).

Fast ein Genuss

Der Umgang mit den Mappen geht schnell und kann Spaß machen. Ich kenne inzwischen sogar MAPPEI-Anwender, denen es fast ein Genuss ist, ihre Stapel abzuarbeiten, nachdem das Ablagesystem eingerichtet ist und funktioniert. Das Ablegen einer Notiz geht ebenso leicht wie die Archivierung eines größeren Dokuments.

In Ordnungsboxen lagern

Egal, um welchen Mappentyp es sich handelt: Sobald die Mappe nicht mehr gebraucht wird, gehört sie wieder in ihre Ordnungsbox. Wenn Sie die Mappe später wieder benötigen, ist sie mit einem Griff zur Hand. Halten Sie also Ihren Schreibtisch frei. Wenn Sie zu viele entnommene Akten auf Ihrem Schreibtisch lagern, geht die Übersicht sonst wieder verloren und Sie werden abgelenkt.

Eine Mappe entnehmen

Das Entnehmen aus der Box geht einfach: Sind nur wenige Blätter in der Mappe, können Sie sie am Reiter herausziehen. Sicherer ist allerdings das folgende Vorgehen: Sie drücken mit dem Daumen den davorstehenden Reiter weg und kommen so an die Vorderseite der Mappe, die Sie entnehmen möchten. Mit den Fingern greifen Sie hinter den Reiter der gewünschten Ordnungsmappe. Sie haben nun die Mappe im Griff und können sie nach oben aus der Box ziehen. So funktioniert es am besten.

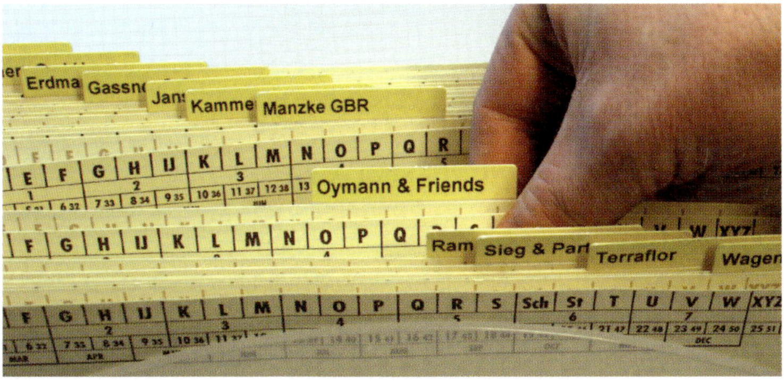

Eine Mappe einstellen

Das Einstellen der Mappen in die Box ist ebenso einfach: Mit der einen Hand bilden Sie eine Lücke. Mit der anderen Hand stellen Sie die Mappe hinein. Auf diese Weise vermeiden Sie, dass Sie aus Versehen eine Ordnungsmappe in eine andere Mappe stecken.

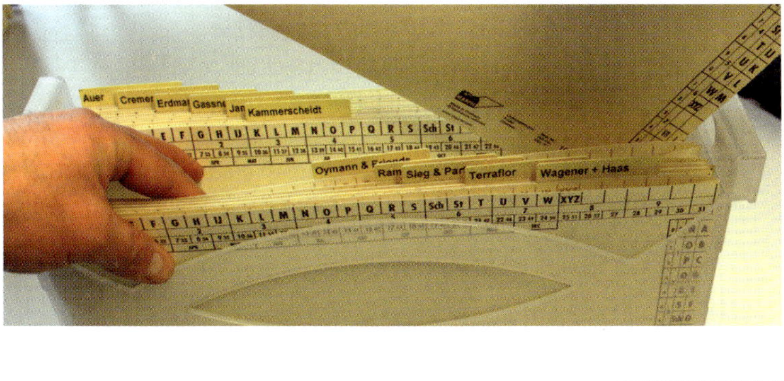

Standard-Ordnungsmappen

Standard-Mappe

Eine normale Ordnungsmappe sieht so aus:

Die Standard-Ordnungsmappen können Sie überall dort einsetzen, wo Sie maximal 50 bzw. 100 bzw. 150 Blätter ungeheftet aufbewahren wollen.

Verschiedene Stärken

Die unterschiedliche Zahl der Blätter weist schon darauf hin, dass es verschieden starke Mappen gibt:

- Mappen für bis zu 50 Blätter sind aus festem Papier gefertigt (90 g/m^2 in den Farben Chamois [10 40 12] und Braun [10 40 29], 115 g/m^2 bei weißen Mappen [10 42 20]).
- Mappen, die bis zu 100 Blätter aufnehmen, sind aus Halbkarton hergestellt (130 g/m^2 in den Farben Chamois [10 40 13] und Braun [10 40 33], 170 g/m^2 bei weißen Mappen [10 42 26]). Es gibt auch eine Variante mit 180 g/m^2 in der Farbe Chamois (10 40 23).
- Mappen für bis zu 150 Blätter bestehen aus Karton (230 g/m^2 in der Farbe Chamois [10 40 46] sowie 250 g/m^2 bei weißen Mappen [10 42 27]).

Basis für die braunen und weißen Mappen ist Recyclingkarton. Die chamoisfarbenen Mappen bestehen aus Natronkarton.

Zu labbrig?

Als Standard-Ordnungsmappe setze ich die chamoisfarbenen Mappen für bis zu 100 Blatt ein (10 40 13). Mit ihrem Papiergewicht von 130 g/m^2 kamen mir diese Mappen anfangs etwas labbrig vor. Im Gegensatz zu den mir bis dahin bekannten Hängeregistermappen schien ihnen die Festigkeit zu fehlen, die nötig ist, um im harten Büroalltag zu bestehen.

Eine Mappe pro logischer Einheit

Schnell merkte ich jedoch, dass dieser Eindruck nicht angemessen war. Ich war anfangs noch immer blockiert von dem Gedanken, dass eine Mappe in der Lage sein muss, sehr viele Unterlagen aufzunehmen. Das widerspricht aber der MAPPEI-Methode. Effekte wie Geschwindigkeit und Flexibilität entstehen ja gerade dadurch, dass die Akten vereinzelt werden (›S. 127). Nur dadurch, dass für jede logisch getrennte Einheit eine eigene Mappe angelegt wird, gehört das Suchen der Vergangenheit an und es ist möglich, jedes Dokument mit einem Griff zur Hand zu haben.

Mappen für mehr Volumen

Besteht eine solche logische Einheit mal aus sehr vielen Seiten, gibt es dafür freilich auch Mappen aus stärkerem Karton. Dazu zählen:

- Die bereits erwähnte Ordnungsmappe mit dem Papiergewicht von 230 g/m^2 (Nr. 10 40 46)
- Die Ordnungsmappen mit Bodenfalte (10 44 46, 10 42 28, 10 44 43, ›S. 80)
- VARIO-Dehnmappen (19 40 49 sowie 19 40 50, ›S. 84)
- VARIO-Dehnhefter (19 47 50, ›S. 85)

Rillen …

Die Ordnungsmappe mit dem Papiergewicht von 230 g/m^2 hat an den beiden Seitenklappen jeweils vier Rillen. An der Vorderseite wurden ebenfalls Rillen angebracht.

… zum Umknicken

Wenn der Mappeninhalt wächst, kann der Karton an den Rillen geknickt werden.

Ordnungsmappen mit Bodenfalte

Wenn der Inhalt wachsen wird

Wenn davon auszugehen ist, dass der Inhalt einer Mappe im Laufe der Zeit wachsen wird, können Sie eine Ordnungsmappe mit Bodenfalte einsetzen (10 44 46, 10 42 28, 10 44 43).

Eine solche Mappe benötigt nur immer in etwa so viel Platz wie ihr Inhalt. Enthält sie zum Beispiel am Anfang nur wenige Blätter, verbraucht die Mappe in der Tiefe nur etwa zwei Millimeter Stellfläche.

Die Falte öffnet sich

Werden Unterlagen hinzugefügt, öffnet sich die Falte.

Bis zu 200 Blätter

Eine Mappe mit Bodenfalte kann bis zu 200 Blätter aufnehmen und zum Schluss zwei Zentimeter dick sein. In manchen Fällen mag dies sinnvoll sein. Beispielsweise können Sie die Mappe mit Bodenfalte nutzen, um Broschüren aufzubewahren. Generell ist es allerdings nützlich, die Bearbeitungseinheiten klein zu halten. Denn nur dann bleiben die Suchzeiten gering und es kann gezielt ein spezieller Vorgang gegriffen werden.

Kombi- und Ergänzungsmappen

Hin und wieder ist es sinnvoll, in der Mappe ein zweites Fach zu haben. Dafür gibt es die Ergänzungsmappen. Dabei handelt es sich um einen Rückendeckel mit Einschlagklappen.

An der Vorderseite ist ein Selbstklebestreifen angebracht, mit der die Mappe an die Rückseite einer bestehenden Mappe angeklebt werden kann. Es gibt einfache Ergänzungsmappen (14 40 46) sowie Ergänzungsmappen mit Bodenfalte (14 44 46).

Sichthülle ankleben

Außerdem gibt es eine Mappe, bei der sich der Selbstklebestreifen innen befindet (14 40 13). Dort kann ein Blatt angeklebt werden, das dann die Vorderseite der Mappe bildet. Alternativ lässt sich auch eine Sichthülle ankleben, um das Deckblatt austauschen zu können. Wenn Sie die Sichthülle mit der offenen Seite nach unten einkleben, können die eingelegten Dokumente nicht herausrutschen.

Fächermappen

Unterteilte Gesamtakte

Manchmal fallen pro Person bzw. Sache mehrere typische Dokumente an. In diesem Fall könnten Sie für jede Dokumentart eine eigene normale Ordnungsmappe anlegen und die Personen bzw. Sachen durch Leitkarten abgrenzen. Alternativ dazu bietet sich der Einsatz von Fächermappen an. Der Einsatz von Fächermappen ist überall dort sinnvoll, wo Akten übersichtlich unterteilt werden müssen und gleichzeitig als Gesamtakte bestehen sollen.

Jeds Fach hat Seitenklappen

Es gibt Mappen mit drei Fächern (19 40 46/3) und welche mit fünf Fächern (19 40 46). Jedes einzelne Fach ist mit zwei Seitenklappen ausgestattet, damit kein Papier herausrutscht.

Tabe sind ausgestanzt

Bei den Fächern sind oben Tabe ausgestanzt, damit Sie die Fächer beschriften können.

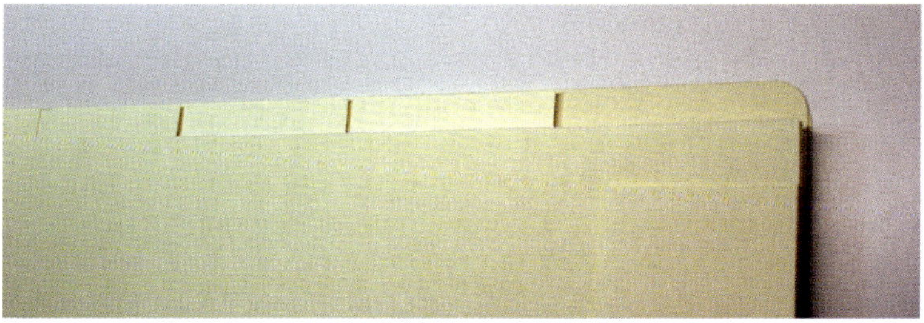

Mögliche Einsatzgebiete

Fächermappen werden beispielsweise für Personalakten eingesetzt: In ein Fach kommt der Arbeitsvertrag, in das nächste Fach die Unterlagen zur betrieblichen Altersvorsorge und so weiter. Alle Papiere eines Mitarbeiters befinden sich dann in einer einzigen Mappe. Andere Einsatzgebiete sind die Ablage von Papieren zum Auto (z. B. Kauf-/Leasing-Vertrag, Werkstatt, Versicherung, Kraftfahrzeugsteuer, TÜV) und von Versicherungsunterlagen.

Stehhefter und Doppelstehhefter

Die Geschwindigkeitsvorteile der MAPPEI-Methode ergeben sich nicht zuletzt, weil auf das Lochen und Heften verzichtet wird. Wenn Sie im Ausnahmefall dennoch Unterlagen abheften möchten, können Sie den Steh- bzw. Doppelstehhefter benutzen.

Wenn Sie lochen möchten

Ein Stehhefter nimmt nicht nur Unterlagen auf, die geheftet werden müssen: Sie können zusätzlich auch Loseblattunterlagen in einem Stehhefter aufbewahren. Deshalb ist auch der Stehhefter mit Seitenklappen ausgestattet.

Fach für lose Blätter

Beispielsweise können Sie zunächst eine Reihe von Unterlagen lose in der Mappe sammeln und sie später in einem Rutsch abheften.

Erst sammeln, dann heften

Stehhefter und Doppelstehhefter sind nur in Chamois erhältlich. Der Stehhefter (10 47 46) hat *eine* Heftvorrichtung und kann bis zu 2 cm dick werden (max. 200 Blatt). Der Doppelstehhefter (11 48 38) verfügt über *zwei* Heftvorrichtungen und fasst bis zu 4 cm (max. 400 Blatt).

Eine oder zwei Heftvorrichtungen

Wollen Sie umfangreichere Unterlagen abheften, dann nutzen Sie dazu am besten den »MAPPEI-Ordner« (›S. 85ff.).

VARIO-Dehnmappen

Auf manche Vorgänge treffen die folgenden Merkmale zu:

- Ihr Umfang ist so groß, dass herkömmliche Ordnungsmappen die Unterlagen nicht aufnehmen können.
- Es ist nicht sinnvoll, den Vorgang auf mehrere Ordnungsmappen aufzuteilen.

Nur so dick wie der Inhalt

Für diese Fälle gibt es die VARIO-Dehnmappen. Interessant an diesen Mappen ist, dass sie nur so dick wie ihr Inhalt sind und dass sie stufenlos gefüllt werden können. Wer also zunächst nur Papiere im Umfang von 1 cm ablegt, verbraucht auch nur einen 1 cm Platz. Was müssen Sie tun, um die Mappe zu vergrößern? Sie öffnen sie und ziehen sie einfach auseinander. Dadurch bekommt die Mappe einen größeren Rücken und kann mehr Blätter aufnehmen.

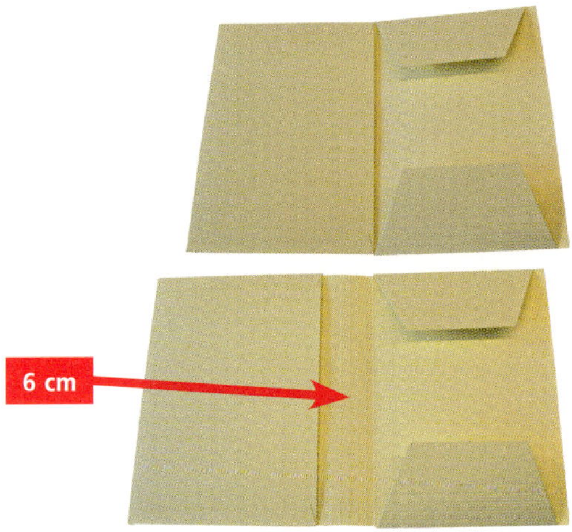

Mögliche Einsatzgebiete

Kataloge und Prospekte lassen sich gut in VARIO-Dehnmappen aufbewahren. Sie können die VARIO-Dehnmappen auch überall dort einsetzen, wo Sie wissen, dass der Vorgang im Laufe der Zeit wachsen wird.

VARIO-Dehnmappen gibt es für bis zu 300 Blätter (19 40 49) und für bis zu 600 Blätter (19 40 50). Außerdem sind VARIO-Dehnmappen mit *zwei* Fächern (je max. 300 Blatt = zusammen max. 6 cm, 19 40 49/2) sowie *drei* Fächern (je max. 300 Blatt = zusammen max. 9 cm, 19 40 49/3) erhältlich.

VARIO-Dehnhefter (»MAPPEI-Ordner«)

Bis zu 600 Blätter abheften

Für den Fall, dass Sie die umfangreichen Unterlagen nicht lose ablegen möchten, können Sie den VARIO-Dehnhefter einsetzen (19 47 50). Er basiert auf der VARIO-Dehnmappe und besitzt zudem eine sogenannte Schlauchheftung. Der VARIO-Dehnhefter wird auch als MAPPEI-Ordner bezeichnet. Er fasst bis zu 600 Blätter.

Den Bügel abziehen

Die Schlauchheftung funktioniert so: Zunächst ziehen Sie den Bügel zusammen mit der Klemmschiene aus dem Schlauch.

Die Blätter »aufspießen«

Dann »spießen« Sie die Blätter auf dem Bügel auf. Der Bügel besteht aus festem Material und hält die beiden Spitzen 8 cm auseinander und somit genau auf Lochabstand.

Die Papiere umlegen

Nun stecken Sie die beiden Schlauchenden wieder auf die Bügelspitzen und legen die Papiere um – zwischen die Seitenklappen.

Den Schlauch einklemmen

Den Schlauch klemmen Sie unter die Klemmschiene – fertig. Es hört sich komplizierter an, als es tatsächlich ist.

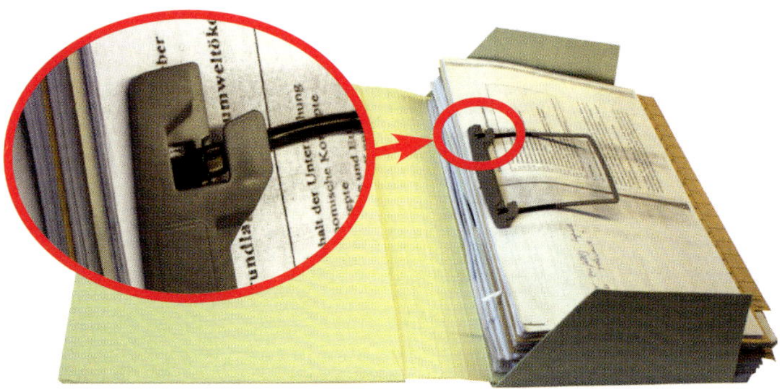

Bequem blättern

Im MAPPEI-Ordner können Sie bequem blättern – anders als bei einem Hebelordner. Lösen Sie die Klemmschiene und schlagen Sie die Seite auf, die Sie sehen möchten.

Der MAPPEI-Ordner hat gegenüber einem herkömmlichen Aktenordner einen wichtigen Vorteil: Sie können eine Seite direkt aus dem Ordner herauskopieren und müssen nicht erst das betroffene Blatt entnehmen.

Direkt aus dem Ordner kopieren

Es gibt einen weiteren Vorteil: Wenn Sie ein Blatt einheften, lösen Sie einfach den Schlauch vom Bügel. Sie können dann das Blatt hinzufügen. Das funktioniert an beliebiger Stelle.

Ein Blatt einheften

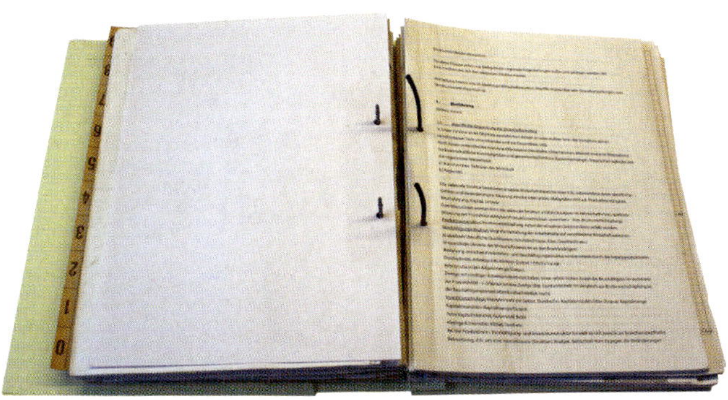

Als Zubehör gibt es für den MAPPEI-Ordner 3-, 5- und 10-fach-Register aus Karton und aus Kunststoff. Diese Register können Sie dazu nutzen, um innerhalb des Ordners die Übersicht zu verbessern.

PRESTIGE-Mappen

Mappen aus Glanzkarton

Neben den Mappen aus Natron- und Recyclingkarton gibt es auch Ordnungsmappen aus Glanzkarton. Diese machen optisch einen guten Eindruck und heißen wohl nicht zuletzt aus diesem Grund PRESTIGE-Mappen.

Der Glanzkarton hat ein Gewicht von 225 g/m^2 und ist damit vergleichsweise fest. Eine Mappe fasst bis zu 150 Blätter. Wie die Standard-Ordnungsmappen mit 225 g/m^2 haben auch die PRESTIGE-Mappen an den Seitenklappen und an der Vorderseite Rillen. Diese Rillen sind nützlich, wenn die Mappe mit vielen Blättern gefüllt wird (›S. 79).

Vier Farben

PRESTIGE-Mappen gibt es in den vier Farben Orange, Rot, Blau und Grün. Neben den normalen PRESTIGE-Mappen (10 40 51) gibt es auch PRESTIGE-Mappen mit Bodenfalte (10 44 51), ebenfalls in diesen vier Farben.

Da es die PRESTIGE-Mappen in verschiedenen Farben gibt, könnten Sie auf die Idee kommen, die Farben zum Erkennen des Mappeninhalts zu nutzen. Beispielsweise könnten Kundenakten immer rot sein, Lieferantenakten blau und hausinterne Akten grün. Für diese Idee gibt es allerdings eine bessere und auch günstigere Lösung. Sie besteht im Einsatz verschiedenfarbiger Reiter, wie Sie im nächsten Kapitel sehen werden (›S. 95f.).

Farbige Mappen aus Kunststoff

Die PRESTIGE-Mappen sind auch in einer transluzenten Version aus Polypropylen erhältlich (weiß, orange, rot – 10 40 91). Mit einem Materialgewicht von 340 g/m^2 sind sie recht stabil und können bis zu 200 Blätter aufnehmen.

Aktionsmappen

Feste, transparente Mappen

Neben den PRESTIGE-Mappen aus Kunststoff gibt es weitere Mappen aus Polypropylen (12 40 90). Sie sind mit einem Gewicht von 340 g/m^2 spürbar fester als die Mappen aus PVC (›S. 90) und können bis zu 200 Blätter aufnehmen. Im Sprachgebrauch von MAPPEI heißen sie Aktionsmappen.

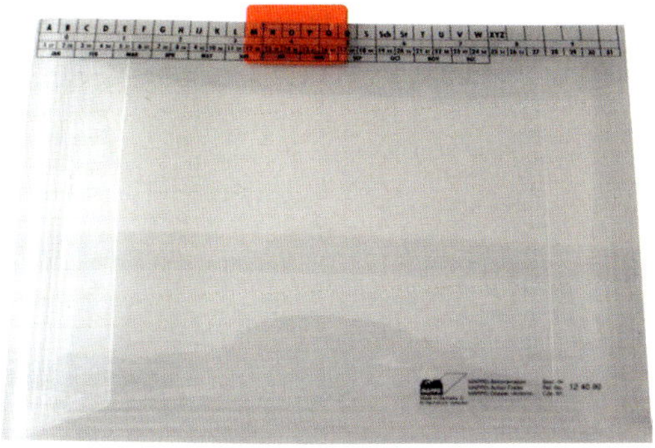

Für temporäre Vorgänge

Dieser Mappentyp eignet sich vor allem für Vorgänge, die nur temporärer Natur sind – etwa für Angebote, bei denen unklar ist, ob aus ihnen ein Auftrag wird. Das Angebot kann dann in die Wiedervorlage gestellt werden, um das gelegentliche Nachfragen nicht zu vergessen. Entsteht aus dem Angebot ein Auftrag, wird eine Ordnungsmappe für diesen Auftrag angelegt und die Aktionsmappe ist frei. Sie kann nun wieder verwendet werden.

Beschriftungsläufer

Aktionsmappen haben eine angeschweißte Läuferschiene. Auf dieser befindet sich ein Beschriftungsläufer, der sich leicht auf die Position schieben lässt, an die er gehört.

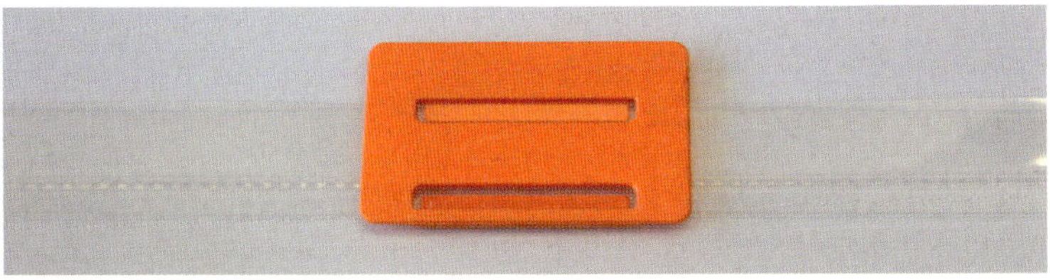

Die Läufer sind in zehn Farben erhältlich. Sie können sie mit einem Allstoff-Schreiber beschriften (90 00 20). Die Beschriftung kann mit einem Spezialradierer (90 00 30) oder einem Löschset (90 00 33) wieder entfernt werden (alles bei MAPPEI erhältlich).

Ordnungsmappen aus PVC

Dünne Kunststoffmappen

Ergänzend zu den Kunststoffmappen aus Polypropylen gibt es auch transparente Ordnungsmappen aus PVC. Sie haben ein Gewicht von 200 g/m². Damit sind sie stabil genug für den gelegentlichen Einsatz und zugleich so dünn, dass sie nur wenig Platz verbrauchen.

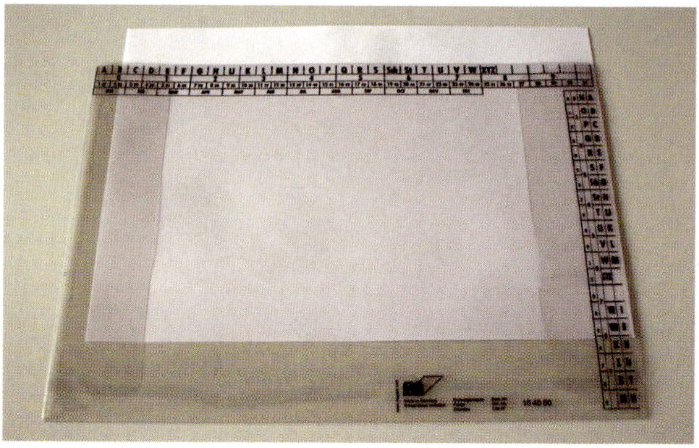

Drei Varianten

Die durchsichtigen Mappen gibt es in drei Ausführungen:

- *mit Ordnungsleiste (10 40 80):*
  Aus diesen Mappen bestehen die mappenbasierten Wiedervorlage-Module (›S. 143).
- *ohne Druck (10 47 80):*
  Auf Seite 81 sehen Sie die Ergänzungsmappe, bei der sich der Selbstklebestreifen innen befindet. Die transparente Mappe ohne Druck kann dort statt der Sichthülle angeklebt werden.
- *mit Ordnungsleiste und Haftstreifen (13 40 80):*
  Die Oberflächenstruktur des Haftstreifens macht es möglich, die Selbstklebereiter wieder abzunehmen. Wie gut das Abnehmen funktioniert, ist allerdings von äußeren Einflüssen abhängig (Temperatur, Luftfeuchtigkeit).

Drei Varianten

Der Vorteil der transparenten Kunststoffmappen besteht darin, dass Sie von außen sehen können, was sich in der Mappe befindet. Sie müssen dazu weder auf den Reiter schauen, noch die Mappe öffnen. Gerade bei der Wiedervorlage bewährt sich dies: Ein Blick auf die erste Mappe in einer transluzenten Box reicht aus, um zu erkennen, ob alle enthaltenen Zettel bearbeitet wurden oder ob die Mappe noch eine Notiz bzw. ein Dokument bereithält.

Leitkarten

Gruppen abgrenzen

Leitkarten sind dazu da, Aktengruppen zu gliedern und die Ordnungsmappen der jeweiligen Gruppen optisch voneinander abzugrenzen. Auf diese Weise sorgen sie für eine gute Übersicht. Leitkarten bestehen aus einem festen orangeroten Glanzkarton, der mit Organisationsleisten bedruckt wurde (20 30 45).

Positionen von Reiter und Leitkarte

Die Reiter werden mit der Aktengruppe bzw. dem Hauptthema beschriftet und an Leitkarten rechts angebracht – an dieser Stelle werden andere Reiter am wenigsten überdeckt. Die Leitkarte steht immer vor der folgenden Aktengruppe.

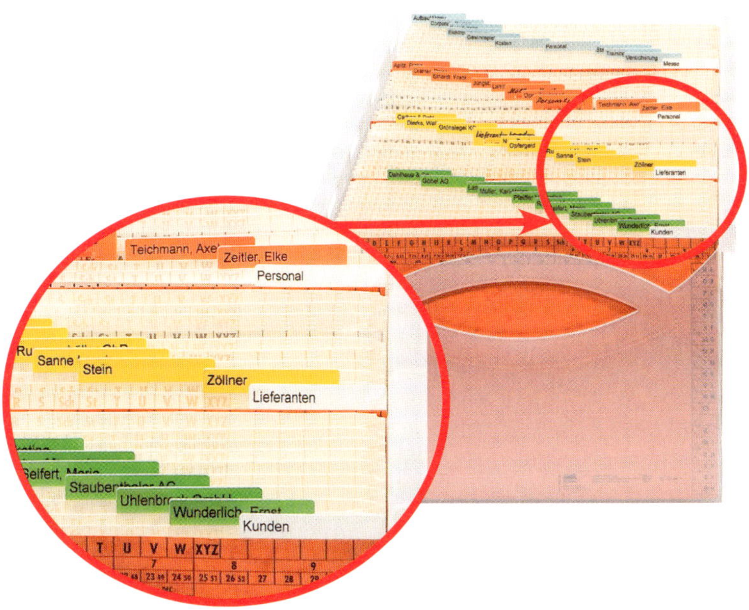

Kapitel 2
Reiter

Aufgabe der Reiter

Haben Sie sich für die passende Ordnungsmappe entschieden, sorgen Sie im nächsten Schritt dafür, sie bei Bedarf schnell wiederzufinden. Beim Finden spielen die Reiter die entscheidende Rolle.

Verschiedene Typen und Farben

Auch bei den Reitern können Sie aus verschiedenen Typen und Farben auswählen (›S. 93f.). Anschließend beschriften Sie den Reiter (›S. 97) und kleben ihn an der richtigen Stelle von hinten an die Mappe an (›S. 100ff.).

Jeder Reiter hat nicht nur eine bestimmte Farbe, sondern auch eine exakte Position sowie eine eindeutige Beschriftung. Durch diese drei Merkmale ist es möglich, sofort die richtige Mappe zu finden.

Sie werden zum Überflieger

Die MAPPEI-Methode macht Sie damit im wahrsten Sinne zum Überflieger: Die Papiere liegen nicht mehr im Stapel, sondern gut sortiert in Mappen, die in Ordnungsboxen stehen. Die Reiter dieser Mappen können Sie mit dem Auge rasch überfliegen. Das Auge ist viel schneller als die Hand, die Sie nutzen müssen, um im Hebelordner das gesuchte Schriftstück zu finden.

Reiter-Arten

Es sind mehrere Typen von Reitern erhältlich. Sie werden unterschiedlichen Aufgaben gerecht:

- *Selbstklebereiter*

  Von Hand oder mit Gerät beschriften

  Selbstklebereiter sind zum Beschriften von Hand oder mit Beschriftungsgerät gedacht. Auf einem Bogen befinden sich 25 Reiter mit einer Breite von 55 mm. Die Reiter sind in 13 Farben erhältlich (40 50 00 bis 40 50 12).

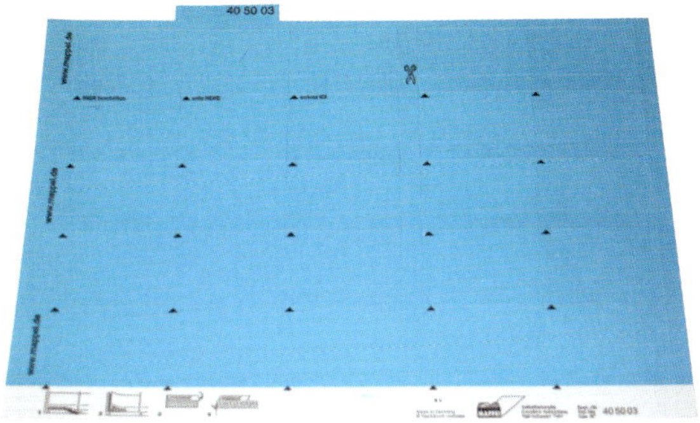

Schmale Reiter

Für den Fall, dass Sie Nummern oder kurze Begriffe verwenden, gibt es Selbstklebereiter, die nur 30 mm breit sind. Sie sind ebenfalls in 13 Farben erhältlich (40 20 00 bis 40 20 12). Ein Bogen umfasst 50 Stück. In einer Verpackungseinheit (Folie, s. Foto) befinden sich jeweils 100 Reiter.

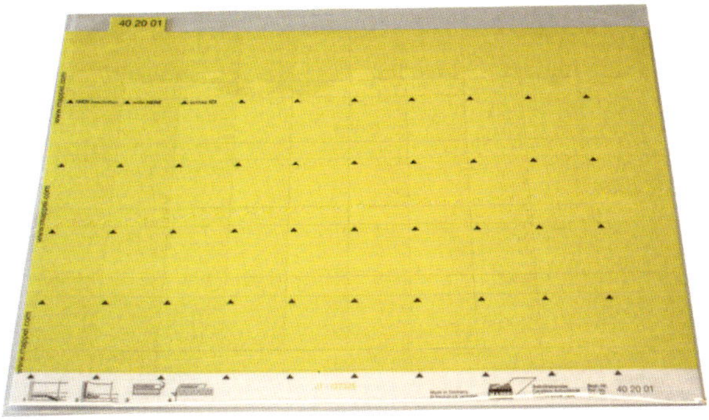

Ganz schmale Reiter

Die schmalsten Selbstklebereiter haben eine Breite von 10 mm (40 10 00 bis 40 10 12). Sie dienen meist als Signalreiter und werden als solche ganz rechts an der Mappe angeklebt.

- *Folienreiter*

Schutz für beanspruchte Mappen

Wissen Sie, dass auf bestimmte Mappen besonders oft zugegriffen wird, dann nutzen Sie für diese Mappen am besten Folienreiter. Wie die normalen Selbstklebereiter gibt es auch die Folienreiter in 13 Farben und sowohl mit 55 (45 50 00 bis 45 50 12) sowie 30 mm Breite (45 20 00 bis 45 20 12). 10 mm breite Folienreiter sind nicht erhältlich. Bei den Folienreitern gibt es für die beiden Breiten sowie für die 13 Farben jeweils auch eine Version, die mit einem Laserdrucker bedruckt werden kann (45 50 00 P bis 45 50 12 P sowie 45 20 00 P bis 45 20 12 P). Bemerken Sie erst im Nachhinein, dass Sie einen normalen Selbstklebereiter schützen möchten, können Sie transparente Schutzfolie über die Reiter kleben (46 50 00 für 55 mm Breite, 46 30 00 für 30 mm Breite).

- *Fensterreiter*

Fenster mit Kartonschild

Wer die Option haben möchte, die Beschriftung einer Mappe später problemlos zu ändern, setzt entweder eine Aktionsmappe ein (›S. 89) oder klebt einen Fensterreiter an den Mappenkarton (94 21 30). In diesen wird ein Kartonschild geschoben (95 11 00). Der Fensterreiter ist mit 70 mm etwas breiter als die Standard-Reiter.

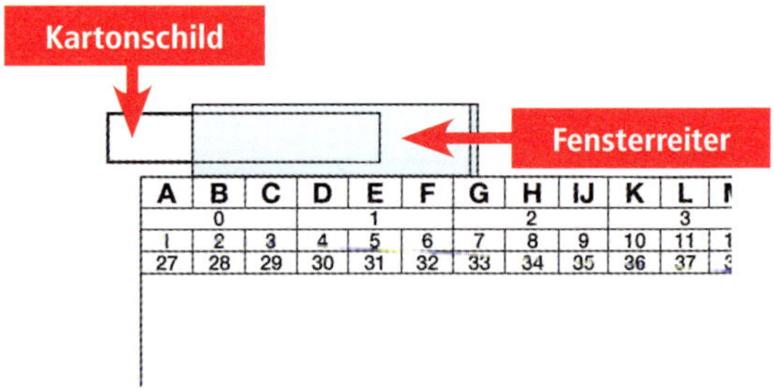

- *Beschriftete Reiter (Tage, Wochen, Monate, Alphabet)*

Beschriftete Reiter

Es sind auch Reiter erhältlich, die bereits beschriftet wurden. Dabei handelt es sich in allen Fällen um Folienreiter mit einer Breite von 30 mm. Die Beschriftungen lauten: »Januar« bis »Dezember« (45 20 00/80 P), »1« bis »31« (45 20 00/92 P), »1« bis »52« (45 20 00/93 P) sowie »A« bis »XYZ« (45 20 00/37 P bis 45 20 12/37 P). Die Farbe der Reiter ist weiß (Ausnahme: Das Alphabet ist in 13 Farben erhältlich).

Reiter-Farben

Farben und Aktenstruktur

Da sich das Auge gut an Farben orientieren kann, ist es sinnvoll, die Struktur der Akten zu durchdenken und entsprechende Farben zuzuordnen. Dies geschieht beim Erarbeiten des Aktensystemplans (›S. 206ff.). Sie bekommen von MAPPEI auf einem DIN-A4-Blatt eine Farbskala, die Sie – gegebenenfalls zusammen mit dem Organisationsberater – ausfüllen können. Die Farbskala ist auch im MAPPEI-Katalog abgebildet.

Farbskala

Wie eine ausgefüllte Farbskala aussehen kann, sehen Sie am Beispiel der Nedschroef Plettenberg GmbH auf Seite 192.

Selektive Wahrnehmung

Die Farben erleichtern das Einsortieren und Wiederfinden. Das ergibt sich nicht zuletzt, weil das Gehirn im Laufe der Zeit die Farben mit den von Ihnen definierten Themenbereichen in Zusammenhang bringt. Benötigen Sie eine bestimmte Mappe, wissen Sie anhand des Themas gleich, welche Farbe der Reiter haben wird. Ihre Wahrnehmung wird selektiver, Sie beschränken sich beim Überfliegen der Mappen auf die mit der richtigen Reiter-Farbe.

Haben Sie anfangs nur wenige Mappen, können Sie diese gemeinsam in eine Ordnungsbox stellen und nach Farben mit Leitkarten trennen. Da die Reiter unterschiedliche Farben haben, werden Sie schnell finden, wonach Sie suchen. Haben Sie später mehr Mappen, als eine Box fasst, stellen Sie einfach eine neue Box dazu. Ein Vorteil von MAPPEI im Vergleich mit Hebelordnern ist ja, dass der Raum komplett genutzt wird.

Irrtum fällt sofort auf

Falls Sie eine Mappe irrtümlich in den falschen Themenbereich gestellt haben, fällt dies schon beim Einstellen auf.

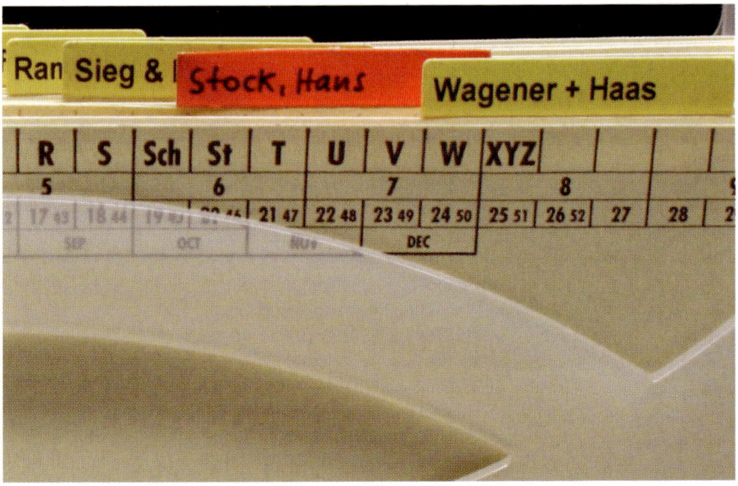

Farbcodierung nur mit Reitern

Durch dieses Foto wird auch klar, warum Sie die auf Seite 88 angesprochenen farbigen PRESTIGE-Mappen nicht nutzen sollten, um Mappeninhalte farblich zu codieren: Stehen die Mappen in der Ordnungsbox, schauen oben nur die Reiter heraus. Welche Farbe die Mappe hat, ist dagegen nicht so einfach zu erkennen.

Acht Sonderfarben

Übrigens: Wem die 13 Standardfarben für die Selbstklebereiter nicht genügen, dem stehen darüber hinaus acht Sonderfarben zur Verfügung:

Die Zahlen setzen die Farbcodierung der 13 Standardfarben (00 bis 12) fort.

Beschriften der Reiter

Eindeutig kennzeichnen

Die Beschriftung des Reiters dient dazu, die Mappe eindeutig zu kennzeichnen. Diese Kennzeichnung ist die Voraussetzung dafür, dass immer die richtigen Mappen entnommen und wieder abgestellt werden.

Den Reiter beschriften

Sie beschriften die Aufkleber im schmalen Feld. Beginnen Sie über der Markierung, also möglichst weit links. Dann ist der erste Buchstabe auch nach dem Abstellen in der Ordnungsbox gut zu sehen.

Fineliner statt Kuli

Zum Beschriften können Sie handelsübliche wasserfeste Fineliner benutzen. Oder Sie verwenden den bei MAPPEI erhältlichen Allstoff-Schreiber (90 00 20). Kugelschreiber sind weniger geeignet, da die Schrift verschmieren kann, wenn Sie den Reiter anfassen.

Drei weitere Möglichkeiten

Falls Sie die Mappen nicht mit der Hand beschriften möchten, gibt es drei Möglichkeiten:

1. Sie nutzen ein Beschriftungsgerät, das 9 bzw. 10 mm breite, transparente Schriftbänder bedrucken kann (z. B. »P-Touch« von Brother). Den Ausdruck kleben Sie dann auf die Reiter.
2. Sie nutzen die Bögen mit Folienreitern, die mit einem Laserdrucker bedruckt werden können.
3. Sie beauftragen MAPPEI, die Mappen für Sie zu konfektionieren. Dies ist vor allem bei großen Stückzahlen sinnvoll.

Logisch und klar

Der Begriff, mit dem Sie einen Reiter beschriften, muss logisch und klar sein. Es ist zum Beispiel nicht sinnvoll, fünf Mappen anzulegen und diese mit »Wichtig«, »Eilig«, »Nachfassen«, »Später« und »Erledigen« zu beschriften. In welche dieser Mappen sollen Sie einen wichtigen Kundenbrief ablegen, den Sie in Kürze bearbeiten wollen? Und noch wichtiger: Wie viele dieser Mappen müssten Sie durchsuchen, bis Sie den Brief finden?

Besser ist es, wenn Sie einen Reiter mit dem Namen des Kunden beschriften, auf eine neue Mappe kleben und den Brief in dieser Mappe ablegen. Dann wissen Sie bei Bedarf sofort, wo Sie nachschauen müssen.

»Sonstiges« ist gefährlich

Es lohnt sich auch, auf Reiter mit der Beschriftung »Sonstiges« zu verzichten. Haben Sie eine Mappe mit einem »Sonstiges«-Reiter beschriftet, entsteht damit nämlich eine Gefahr: Sie stehen in der Versuchung, in diese Mappe alles hineinzustecken, was Sie nicht sofort zuordnen können. Was früher die Stapel auf Ihrem Schreibtisch bildete, würde sich nun in der »Sonstiges«-Mappe befinden, die dicker und dicker wird. Sie erinnern sich: Ein wichtiges Prinzip der MAPPEI-Methode besteht darin, kleine Einheiten zu bilden. Überlegen Sie daher lieber, mit welchen differenzierten Bezeichnungen die Unterlagen eine Heimat finden können.

Grundstruktur der Beschriftung

Wie kann nun eine Grundstruktur für die Mappenbeschriftung aussehen? Um eine Antwort auf diese Frage zu bekommen, betrachten Sie die Struktur Ihrer Unterlagen mit Blick darauf, ob es typische Muster gibt, die immer wieder auftauchen.

Bei meinem Verlag ist es beispielsweise so, dass es bei jedem Projekt Korrespondenzen gibt, und zwar mit Autoren, der Druckerei und eventuell einer freien Mitarbeiterin (z. B. einer Korrektorin). Schon sind drei Mappen anzulegen, und zwar eine für den Autor (Vertragsunterlagen), eine für die Druckerei (Angebote, Auftrag, Lieferscheine) und – falls nötig – eine für den freien Mitarbeiter (besondere Hinweise, Checklisten, Korrespondenzen, Rechnung). Außerdem gibt es in der Regel eine Mappe »Kalkulation« und so weiter. Die Mappen eines Projekts werden durch eine Leitkarte abgegrenzt. Die Beschriftung der Mappen muss ich mir nicht jedes Mal neu ausdenken.

Wiederkehrende Muster

Auch bei Ihnen wird es wiederkehrende Muster geben. Diese Muster helfen Ihnen dabei, eine sinnvolle Struktur anzulegen und passende Begriffe zu wählen. Sie unterstützen auch Ihre Entscheidung für den richtigen Mappentyp. Soll beispielsweise Ihre Korrespondenz nach Eingangsdatum geordnet bleiben, dann ist es etwa sinnvoll, einen Stehhefter (›S. 83) oder einen MAPPEI-Ordner (›S. 85) einzusetzen.

Die Beschriftung muss sich nicht auf Wörter beschränken. Im Gegenteil: In vielen Fällen ist eine numerische Kennzeichnung sinnvoller. Dies ist beispielsweise dann der Fall, wenn Sie Akten nach Auftragsnummern, Kundennummern, Postleitzahlen oder sonstigen Kennzahlen ablegen, wie im folgenden Foto zu sehen.

Numerische Kennzeichnung

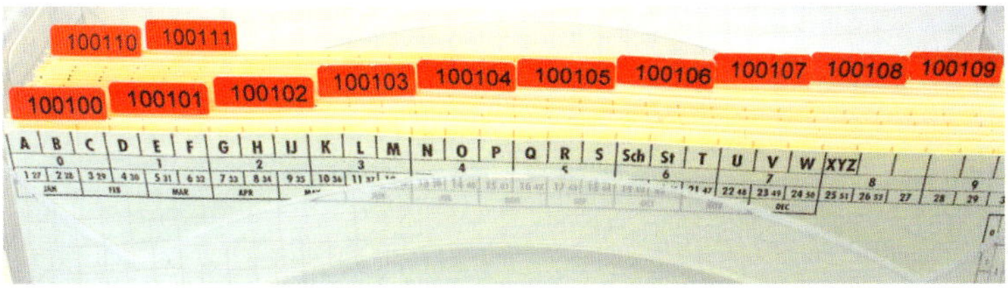

Wenn Sie nach Nummern ablegen, reichen meist die 30 mm breiten Reiter aus. Daraus ergibt sich ein Vorteil: Die Reiter stehen alle nebeneinander – sie verdecken einander nicht.

Schmale Reiter reichen meist aus

Haben Sie sehr viele Mappen, deren Reiter mit Namen beschriftet werden, dann lohnt es sich, dass Sie sich an den »MAPPEI ABC-Standards« orientieren. Sie basieren auf den Vorgaben der Norm DIN 5007-1 und -2 »Ordnen von Schriftzeichenfolgen«. Unter Berücksichtigung der besonderen Vorgaben der MAPPEI-Methode sind einige Bereiche der Norm vereinfacht worden.

ABC-Standards

Die Standards regeln die Schreibweise von:

- Namen mit Familiennamen und Vornamen
- Namen ohne leicht erkennbare Familiennamen (Beispiel: »Pukalentip Pulavar«)
- Namen von juristischen Personen oder Institutionen
- Offiziellen Namen in mehreren Sprachen (»Europarat«, »Conseil de l'Europe«, »Council of Europe« usw.)
- Ortsnamen (»Frankfurt/Main«, »Frankfurt a. M.«, »Frankfurt am Main«, »Frankfurt (Main)«)
- Namen von Staaten und Städten
- Tier- und Produktnamen

Die »MAPPEI ABC-Standards« sind kostenlos bei MAPPEI erhältlich und können auch von der Website dieses Buches heruntergeladen werden (www.ordnung-ohne-stress.de).

Auf Website erhältlich

Positionieren der Reiter

Ablösen Haben Sie einen Reiter mit einem Namen oder einem Begriff beschriftet, lösen Sie ihn vom Trägermaterial ab.

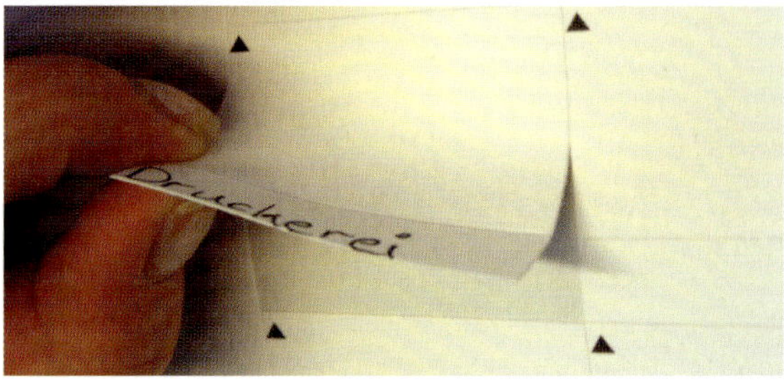

Umklappen Klappen Sie das beschriftete Feld um und drücken Sie die Klebeflächen zusammen.

Ankleben Kleben Sie den Reiter nun von hinten an die Rückwand der Mappe. Positionieren Sie ihn dazu linksbündig über dem jeweiligen Feld (A–Z, Aufdruck der ersten Zeile der Ordnungsleiste). Drücken Sie den Reiter anschließend fest an die Mappe.

Kleiner Tipp: Wenn Sie den Reiter beim Positionieren etwas schräg halten, können Sie die Kante auf den Rand der Mappe aufsetzen. Das genaue Positionieren fällt dann leichter.

Reiter mit Zahlen (z. B. Kundennummern) werden mit der linken Kante linksbündig zum jeweiligen Feld positioniert (0–9, Aufdruck der zweiten Zeile der Ordnungsleiste). Es gilt dabei die letzte Ziffer. Der Reiter mit der Nummer 100103 wird also linksbündig zum Feld 3 aufgeklebt.

Linksbündig zum jeweiligen Feld

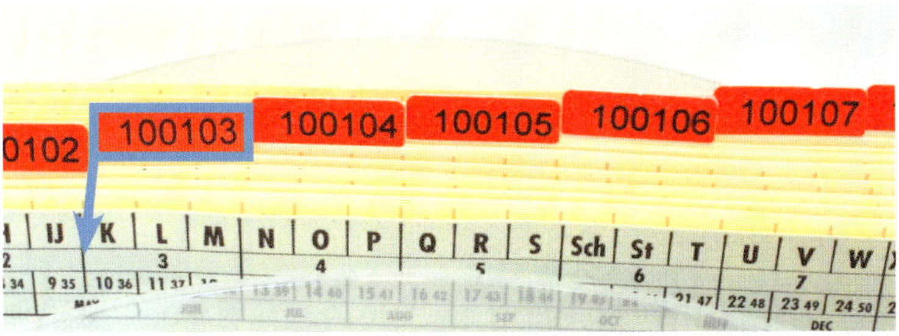

Der Vollständigkeit halber sei erwähnt, dass die dritte Zeile der Ordnungsleiste die 52 Positionen der Wochen eines Jahres anzeigt. Manche MAPPEI-Anwender nutzen diese Leiste, um Signalreiter anzubringen, mit deren Hilfe sie Termine überwachen. Zur Terminüberwachung dient auch die vierte Zeile der Ordnungsleiste mit den zwölf Monaten eines Jahres.

Positionieren der Mappen in der Ordnungsbox

Haben Sie die Mappen mit Reitern versehen, stellen Sie sie nun in die Ordnungsbox. Ordnen Sie die Mappen nach dem Alphabet von hinten nach vorne ein. Eine Mappe mit dem Anfangsbuchstaben »A« steht also hinten in der Box, eine mit »Z« vorn. Auf diese Weise ist sichergestellt, dass Sie zumindest immer den ersten Buchstaben des Reiters lesen können.

Von hinten nach vorn

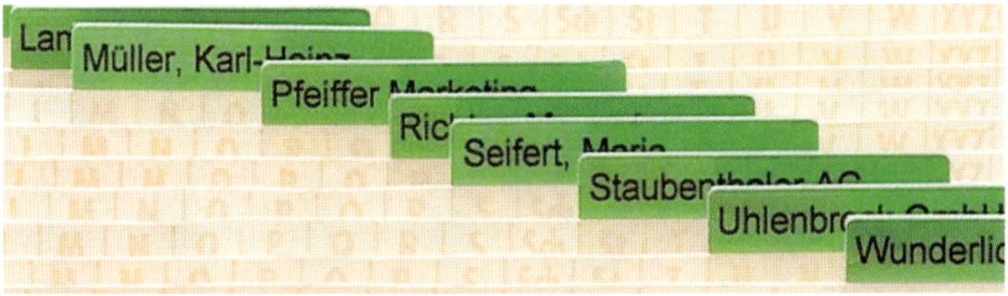

Suchbegriffe mit gleichem Anfangsbuchstaben bzw. gleicher Endziffer befinden sich immer auf einer Linie.

Kapitel 3
Ordnungsboxen

Haben Sie Ordnungsmappen angelegt, müssen Sie diese nun aufbewahren. Das Aufbewahren erfolgt in Ordnungsboxen. Je nach Zweck sind unterschiedliche Boxentypen geeignet.

Verschiedene Boxentypen

Insgesamt stehen ungefähr 30 verschiedene Ordnungsboxen zur Auswahl. Auf den folgenden Seiten werden die gebräuchlichsten beschrieben:

- Standard-Ordnungsboxen aus transluzentem Polypropylen (›S. 103)
- Gitterboxen (›S. 104)
- Ordnungsboxen aus Hartpappe (›S. 105)
- Ordnungsbox zur lateralen Ablage (›S. 106)
- Boxen aus Acrylglas (›S. 107)
- Organizer (›S. 108)
- Archivschachteln (›S. 110)

Einstellen wie eine Karteikarte

Für jede der hier aufgeführten Boxen gilt: Sie können die Ordnungsmappen in die Box einstellen wie Karteikarten in den Karteikasten.

Bemerken Sie im Laufe der Zeit, dass Sie die Mappen anders ordnen und zum Beispiel auf mehrere Ordnungsboxen verteilen oder ins Archiv stellen wollen, so ist dies ohne große Umstände möglich: Sie entnehmen einfach die betroffenen Mappen und stellen sie in die Boxen, in die sie nun gehören. Ein Aus- und Umheften der Unterlagen ist nicht nötig.

Standard-Ordnungsboxen

Strapazierfähig und durchscheinend

Die Standard-Ordnungsboxen (30 44 88) bestehen aus strapazierfähigem Kunststoff (Polypropylen). Das Material ist eher weich als spröde, die Box ist entsprechend bruchsicher und für den alltäglichen Einsatz mit stark frequentierten Ablagen gut geeignet. Da die Box halb durchscheinend ist, können Sie zum Beispiel den Füllgrad auch dann erkennen, wenn sie seitlich im Regal steht.

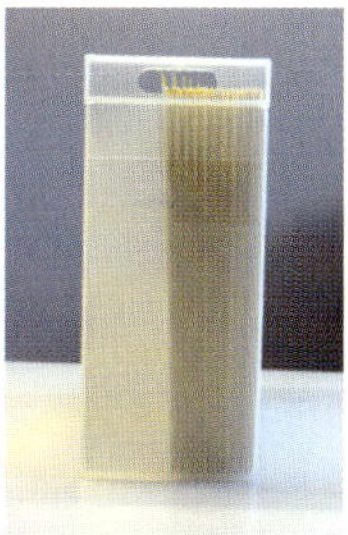

Passen in vorhandene Möbel

Die Boxen sind 348 mm breit, 244 mm hoch und 105 mm tief. Sie sind damit so konstruiert, dass sie in handelsüblichen Rollcontainern und Hängeregisterschränken aufbewahrt werden können – eine Hängevorrichtung ist bereits integriert. Natürlich können Sie die Box auch seitlich nebeneinander in vorhandene Aktenregale oder einfach auf den Tisch stellen. An der Seite und vorn sind Grifflöcher angebracht. Mit ihrer Hilfe können die Boxen dem Möbel leicht entnommen werden.

Eine Mappenstütze hilft am Anfang

Ist eine Box anfangs nicht ganz gefüllt, können Sie eine Mappenstütze einstellen. Die Stütze sorgt dafür, dass die Mappen nicht umfallen. Sie ist flexibel, das heißt, egal wie groß die Lücke in der Box ist: Die Mappen stehen immer gerade und griffbereit.

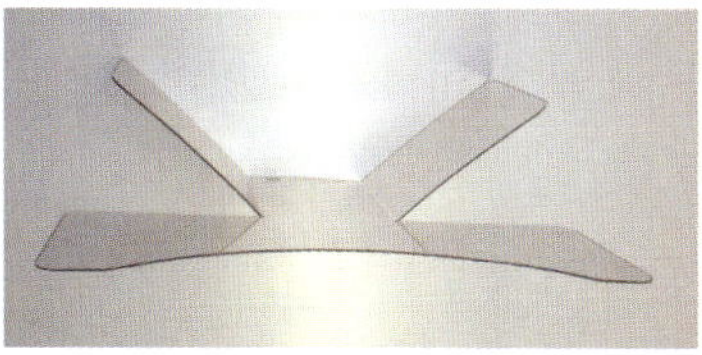

Mappenstütze in der Draufsicht

Die transluzente Ordnungsbox gibt es erst seit 2009. Sie ist mit den früher verkauften und heute nicht mehr erhältlichen hellgrauen sowie anthrazitfarbenen Boxen kompatibel. Das heißt, die Mappen und Reiter sind auch bei verschiedenen eingehängten Boxen immer auf gleicher Höhe.

Gitterboxen

Eine schmale Box …

Wer einige Mappen mit in eine Sitzung nehmen möchte, für den sind die normalen Ordnungsboxen vielleicht zu tief. In diesem Fall ist die schmale Gitterbox besser geeignet (30 49 00/20). Sie ist nur 5 cm tief, kann also auch gut in Aktentaschen gestellt werden. Auf Seite 45 sehen Sie ein Beispiel.

Die Breite der Box beträgt 335 mm, die Höhe 220 mm. Die Reiter ragen also leicht aus der Box heraus, wie auf dem folgenden Foto zu erkennen ist.

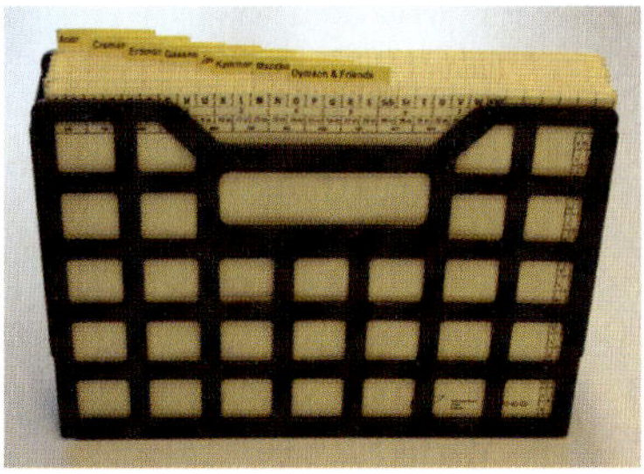
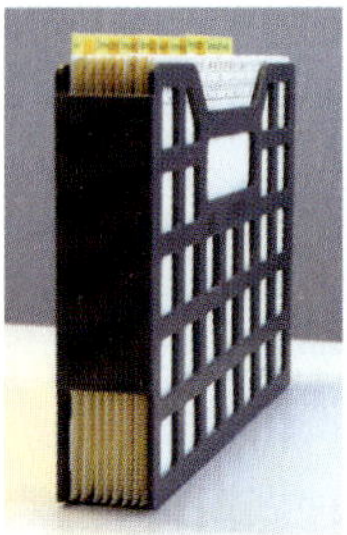
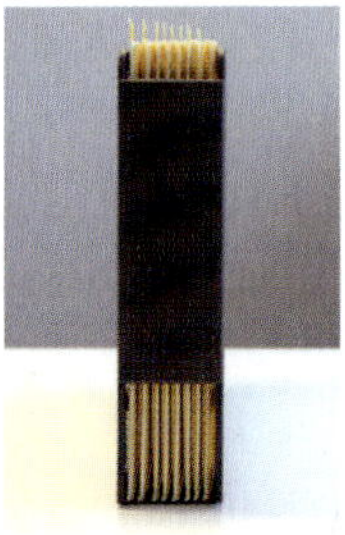

Wer eine Gitterbox in einem Rollcontainer bzw. einer Hängeregistratur aufbewahren möchte, kann die Box um vier Clipse ergänzen (97 00 00/4). Sie werden in die oberen Eckfelder eingedrückt und verleihen der Gitterbox eine Hängevorrichtung.

… sowie eine dehnbare Variante

Neben dem Wunsch nach einer schmalen Box gibt es aber auch den anderen Fall: Manchen erscheinen die normalen Ordnungsboxen zu starr. Daher wird eine dehnbare Ordnungsbox angeboten (30 45 00/20). Geschlossen hat sie mit 105 mm Tiefe das Maß einer normalen Ordnungsbox. Breite und Höhe entsprechen der schmalen Gitterbox.

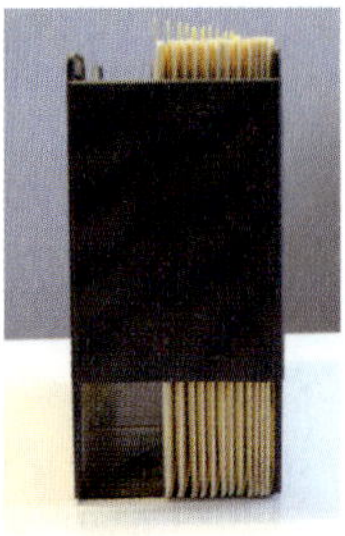

Wird die Rückseite abgeklappt, vergrößert sich die Öffnung auf ungefähr 165 mm.

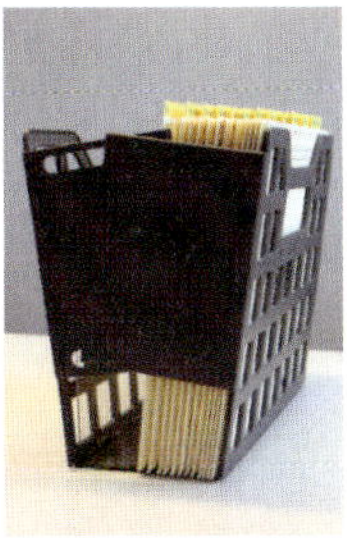

Ordnungsboxen aus Hartpappe

Box aus stabiler Hartpappe

Möglicherweise bevorzugen Sie den Umgang mit natürlichen Materialien und vermeiden Kunststoffe, wo immer dies möglich ist. Dann können Sie Ordnungsboxen aus – recht stabiler – Hartpappe einsetzen (30 41 54). Sie haben ein Außenmaß von 325 mm x 220 mm x 105 mm, sind also so tief wie die normalen transluzenten Ordnungsboxen. Wie bei den Gitterboxen ragen auch hier die Reiter oben etwas heraus.

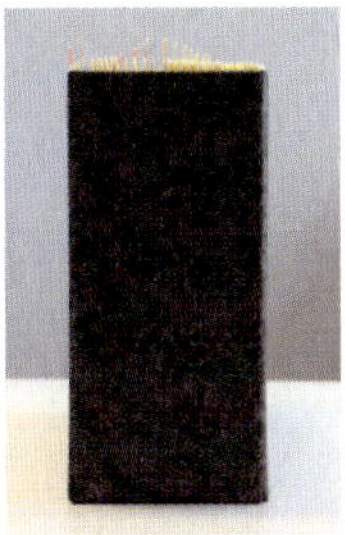

Griffhilfen gibt es keine. Stehen viele dieser Hartpappeboxen nebeneinander im Regal, kann es schwierig sein, die gewünschte Box herauszunehmen. Auch für die Aufbewahrung in Hängeregisterschränken ist die Box aus Hartpappe nicht geeignet, da eine Hängevorrichtung fehlt und auch nicht angebracht werden kann.

Nützlicherweise gibt es die Ordnungsbox aus Hartpappe auch für Unterlagen im Format DIN A3 (30 30 54). Dort können große Ordnungsmappen eingestellt werden (10 70 23).

Ordnungsbox zur lateralen Ablage

Auch zur Seite hin offen

Alle Ordnungsboxen, die bisher beschrieben wurden, sind nach oben offen. In einigen Situationen ist es allerdings sinnvoll, die Mappen auch seitlich entnehmen zu können. Für diese Fälle gibt es Ordnungsboxen aus Polystyrol (32 42 77). Sie sind sowohl nach oben als auch zur Seite hin offen. Ihre Farbe ist grau.

Die Ordnungsboxen zur lateralen Ablage haben an der Vorderseite unten ein Frontfenster. Dort kann ein beschriftetes Schild eingesteckt werden, es im Lieferumfang enthalten.

Möglicher Einsatz

Seitlich offene Ordnungsboxen können zum Beispiel auf Regalböden eingesetzt werden, die so weit oben angebracht sind, dass Sie die Mappen zwar noch greifen können, ohne Hilfsmittel wie einer Leiter die Reiter aber nicht mehr lesen können, die an einer Mappe oben angebracht wurden. In diesem Fall können Sie die Reiter auch an der Seite anbringen – die Ordnungsleiste ist nicht zuletzt aus diesem Grund auch auf der rechten Seite der Ordnungsmappen abgebildet (›S. 78).

Box mit Trennwänden

Sie können die hier beschriebene Ordnungsbox mit Trennwänden weiter unterteilen (24 30 78) und auf diese Weise bis zu sechs »Fächer« bilden. Diese Unterteilungen geben dem Inhalt Halt.

Neben der Ablage für Ordnungsmappen können Sie die Boxen auch gut zur Aufbewahrung von Magazinen, Katalogen, Broschüren und ähnlichen Unterlagen verwenden.

Boxen aus Acrylglas

Für den Schreibtisch

Boxen aus Acrylglas sind in mehreren Varianten lieferbar. Für alle Modelle gilt: Sie sind transparent und haben eine edle Anmutung, sind also vor allem für den Einsatz auf dem Schreibtisch geschaffen.

Die Entscheidung für ein bestimmtes Modell wird sich unter anderem danach richten, wie viele Mappen hineinpassen sollen.

Mappenständer für tagesaktuelle Mappen

Vergleichsweise schmal ist der Mappenständer, der seitlich offen ist (32 44 84). Er ist etwa 370 mm breit, 220 mm hoch und 100 mm tief, fasst also etwas weniger Mappen als eine Standard-Ordnungsbox mit 105 mm Tiefe. Der Mappenständer eignet sich vor allem für die Aufbewahrung von tagesaktuellen Aufgaben und Vorgängen.

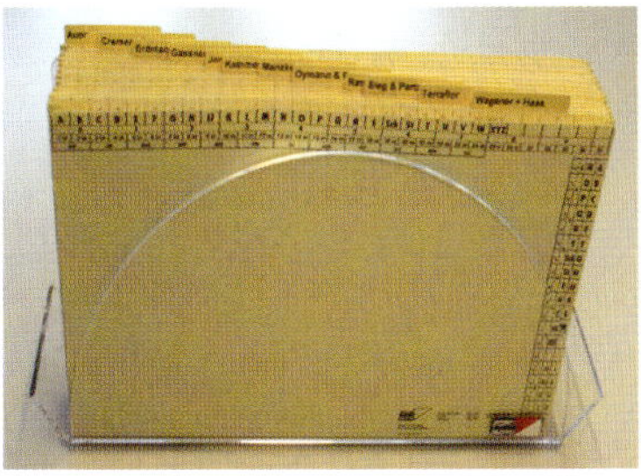

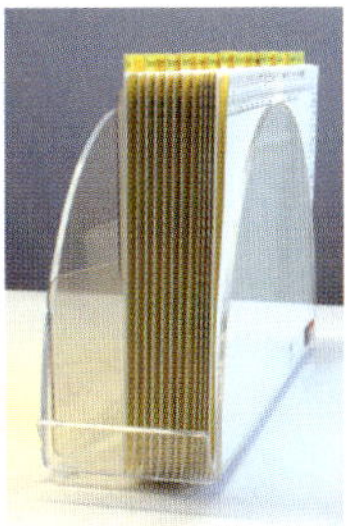

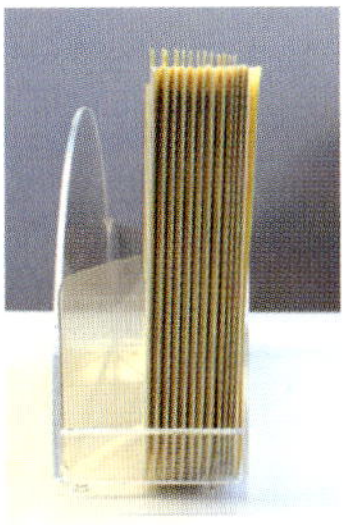

Eine ähnlich tiefe Variante

Die gleiche Tiefe wie die Standard-Ordnungsbox bietet die folgende Acrylglas-Ordnungsbox (30 44 84). Ihre Maße sind 335 mm x 220 mm x 105 mm.

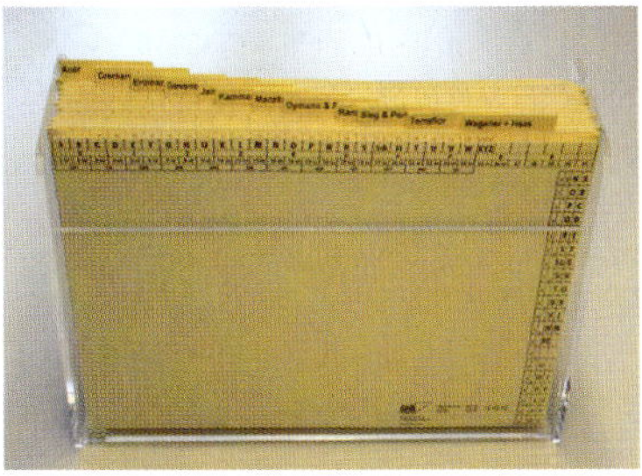

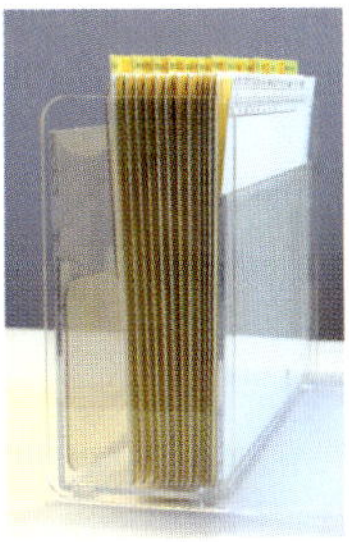

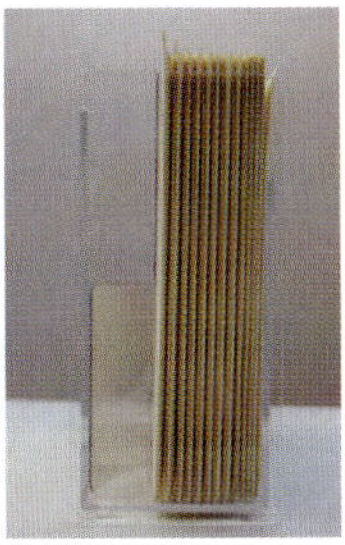

Sie ist an den Seiten geschlossen. Das Vorderteil ist etwas kleiner als die Rückseite, wie auch auf dem Foto zu erkennen ist.

Box mit Griffhilfen

Noch etwas breiter ist die Box mit seitlichen Griffhilfen (30 47 84). Ihre Maße betragen 365 mm x 225 mm x 150 mm.

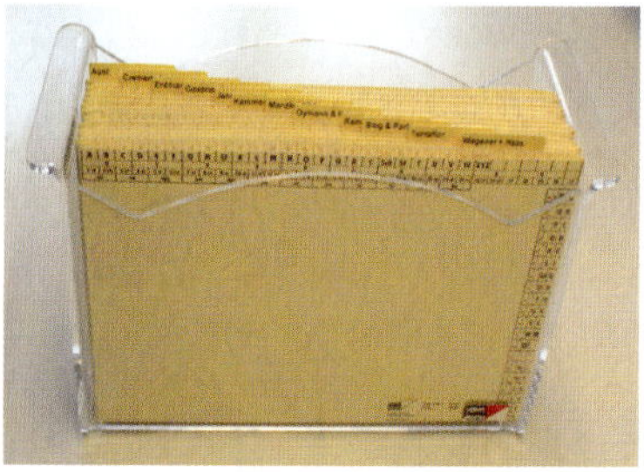

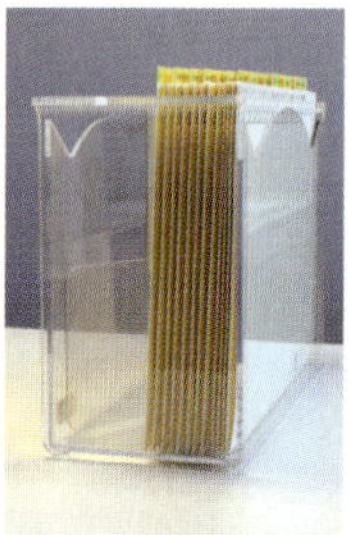

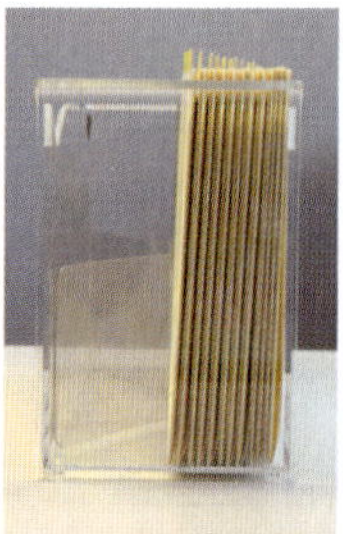

Diese Box kann im Einzelfall groß genug sein, um eine Wiedervorlage aufzunehmen. Wenn Sie mit einer Wiedervorlage auf Basis transparenter Mappen arbeiten (›S. 141f.), sehen Sie durch die Box auf den Inhalt der ersten Mappe, was praktisch sein kann.

Stufenständer mit vier Fächern

Ein Sonderfall der Ordnungsboxen ist der Stufenständer (30 45 84). Er bietet vier staffelförmig angeordnete Fächer. Die Maße des Stufenständers sind 330 mm x 215 mm x 225 mm.

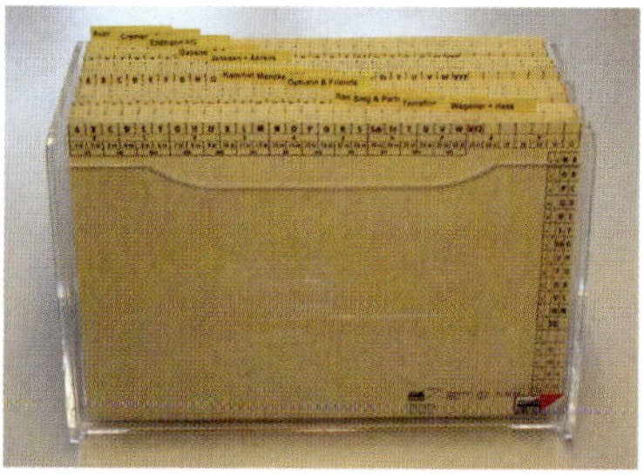

Den Stufenständer können Sie zum Beispiel einsetzen, um die am jeweiligen Tag benötigten Mappen strukturiert aufzubewahren (›S. 52). Natürlich sind auch andere Nutzungsformen möglich.

Organizer

Fächer für Mappen, Zettel und Stifte

Wie der Stufenständer ist auch der Organizer eine spezielle Ordnungsbox (30 46 84). Er besitzt nicht nur zwei Ablagemöglichkeiten zum Einstellen von Ordnungsmappen, sondern bietet rechts drei Fächer für Stifte sowie links ein Fach für die sogenannten

Memoblätter (90 00 40). Der Organizer ist 375 mm breit, 205 mm hoch und 120 mm tief.

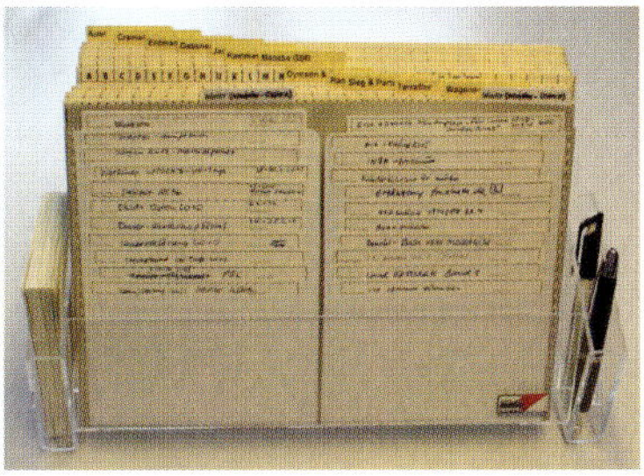

Gut für die Memory-Boards

Die Vorderseite des Organizers ist nur 85 mm hoch. Er eignet sich daher besonders zur Aufnahme der sogenannten Memory-Boards (23 31 41). Ein Memory-Board besteht aus Kunststoff und bietet 20 Taschen für die Memoblätter.

Memory-Board

Klappt man den transparenten Vorderdeckel des Memory-Boards nach hinten, dann können Sie die Memoblätter in die Taschen einstecken bzw. sie aus den Taschen entnehmen, während das Memory-Board im Organizer verbleibt.

Beispiele für die Nutzung

Der Organizer eröffnet damit eine Reihe interessanter Nutzungsmöglichkeiten, die den Gebrauch der Ordnungsmappen ergänzen. Zwei Beispiele sind:

- Papierbasierte Planung, Steuerung sowie Kontrolle von kleinen und mittleren Projekten
- Flexible Erfassung und Steuerung von beruflichen bzw. privaten Aufgaben (To-do-Punkte) und Zielen (z. B. Langfristziele, Jahresziele, Jahresabschnittsziele, Wochenziele und/oder Tagesziele, ›S. 152ff.)

Archivschachteln

Kartons für das Archiv

Auch für die Archivierung von Unterlagen gibt es mehrere Boxenvarianten. Sie bestehen aus Karton und kosten weniger als ihre Geschwister aus Kunststoff.

Karton mit Klappe oben

Die Archivschachtel 31 41 66 hat oben eine Einschlagklappe und zwei bedruckte Seiten zur Beschriftung.

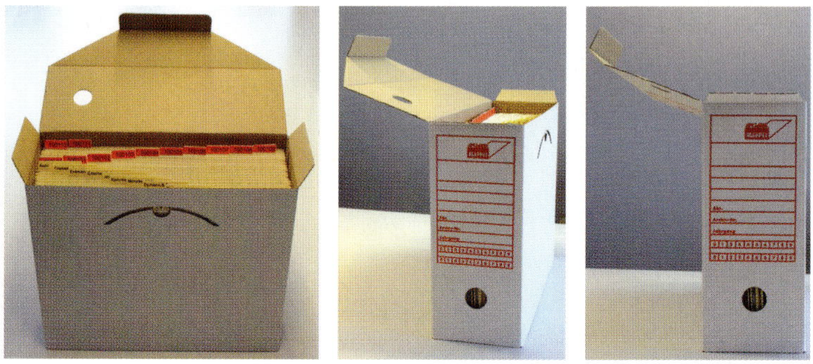

Karton mit Seitenklappe für die laterale Ablage

Die Schachtel 32 41 66 lässt sich an der bedruckten Seite öffnen und wird verwendet, wenn die Reiter seitlich an den Mappen angeklebt wurden (laterale Ablage).

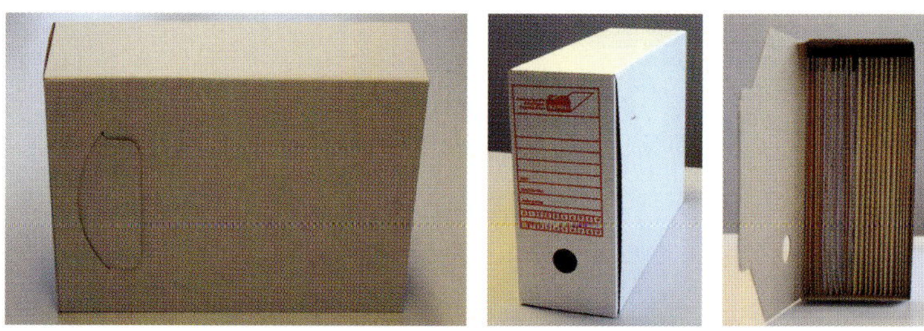

Unbedruckter Karton

Die Schachtel 31 40 52 besteht aus unbedruckter Graupappe.

Unbedruckte Kartonvariante

Ebenfalls unbedruckt ist die Schachtel 31 41 65. Wie beim zuvor benannten Karton gibt es kein Griffloch, was die Staubsicherheit noch etwas erhöht.

Oben offen mit Schild

Bei der Schachtel 30 41 63 ist das Rückenschild bereits aufgedruckt. Sie ist oben offen. Das Material ist so beschaffen, dass die Box gut zur Archivierung geeignet ist – als Ersatz für Boxen aus Kunststoffen bzw. aus Hartpappe kommt sie wegen des etwas schwächeren Materials dagegen eher nicht infrage.

Oben offen ohne Schild

Auch die unbedruckte Schachtel 30 41 75 ist oben offen.

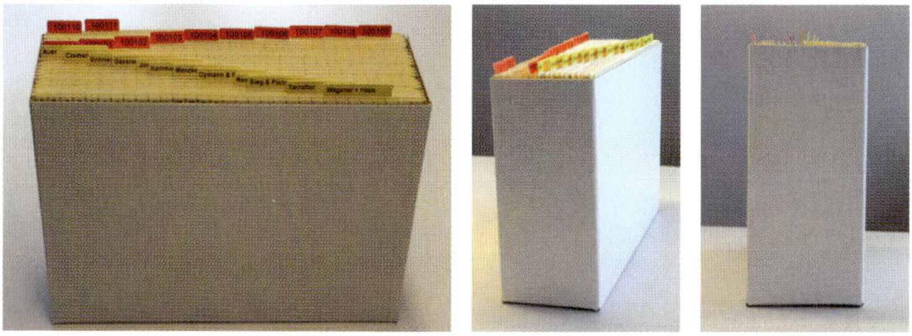

Für alle Archivboxen gilt: Das Umfüllen der Mappen erfordert nur wenige Handgriffe und ist schnell erledigt.

Kapitel 4
Zubehör

Zahlreiches Zubehör

Neben den Kerninstrumenten – Ordnungsmappen, Reiter und Ordnungsboxen – gibt es zahlreiche Kleinigkeiten, die das Anwenden der MAPPEI-Methode unterstützen. Auf den folgenden Seiten können Sie einen ersten Einblick gewinnen. Darstellungen weiterer ausgewählter Zubehörartikel finden Sie auf der Website zum Buch (www.ordnung-ohne-stress.de).

Sammler zum Gruppieren und Gliedern von Mappen

Sammler zum Gruppieren

Möchten Sie Mappen innerhalb einer Ordnungsbox gruppieren, können Sie dazu statt der Leitkarten auch den Sammler nutzen (35 43 73). Er besteht aus Karton mit einem Gewicht von 450 g/m^2 und hat eine Tiefe von 30 mm. Der Sammler ist so etwas wie eine schmale Ordnungsbox. Er ist nur in roter Farbe erhältlich; er benötigt keine Mappenstütze, da die Mappen durch eine integrierte Klappe an der Rückwand abgestützt werden.

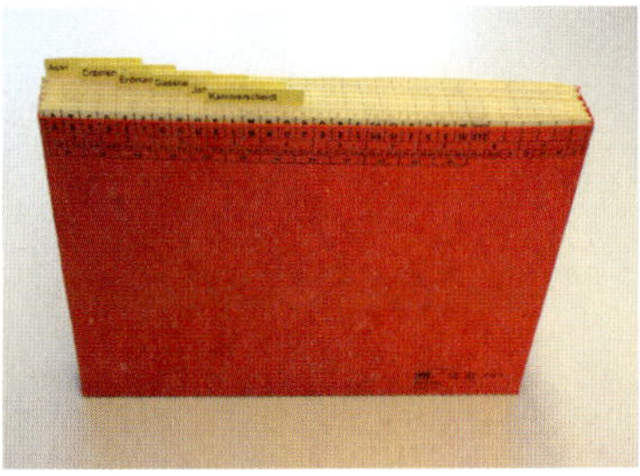
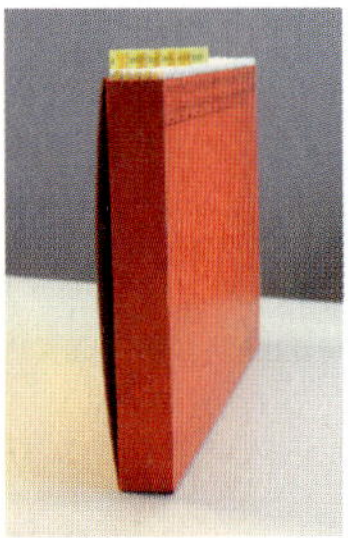
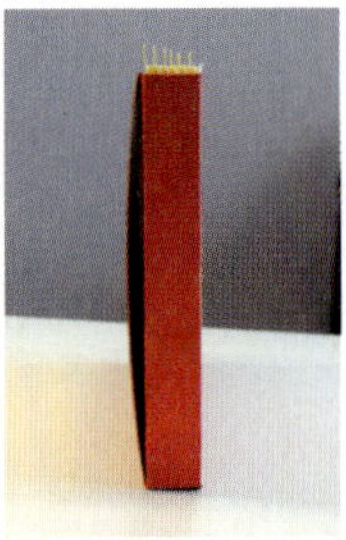

Der Clou des Sammlers besteht darin, dass er in Ordnungsboxen hineingestellt werden kann. In eine Ordnungsbox passen drei Sammler.

Passt in Ordnungsbox

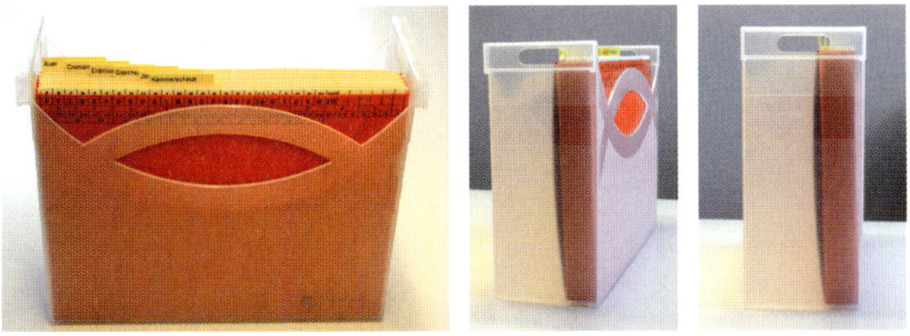

Statt der schmalen Gitterbox (›S. 104) können Sie auch den Sammler nutzen, um Mappen in einer Aktentasche zu transportieren. Auch Magazine, Kataloge oder Broschüren können Sie mithilfe des Sammlers gut in einer Ordnungsbox abstellen.

Wechseltasche

Um Ordnungsboxen zu beschriften, können Sie die Wechseltasche nutzen (96 30 80). Sie ist selbstklebend, besteht aus transparentem Kunststoff und nimmt ein Papierschild auf, das Sie selbst bedrucken können.

Zum Beschriften

Die Standard-Ordnungsbox (30 44 88) verfügt über Markierungen, die beim Positionieren der Wechseltasche helfen.

Rückenschild Wer das Papierschild nicht selbst bedrucken möchte, kann auch das Rückenschild (95 23 00) einsetzen. Es ist vom Format her so beschaffen, dass es in die Wechseltasche passt.

Das Rückenschild ist aber auch selbstklebend und kann an Ordnungsboxen befestigt werden.

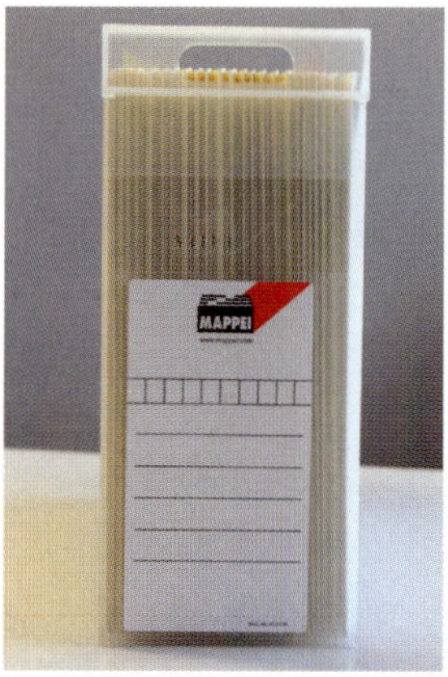

Ein weiteres Anwendungsfeld sind Archivkartons, die nicht bedruckt sind: Nehmen Sie das Schild aus der Wechseltasche an der Ordnungsbox und kleben Sie es dann an die Archivschachtel.

Visitenkartentasche

Kleine Tasche In manchen Fällen ist es sinnvoll, Ordnungsmappen durch eine selbstklebende kleine transparente Tasche zu ergänzen (96 22 80).

Heftvorrichtungen

Normalerweise wird Papier ungelocht und ungeheftet in Ordnungsmappen aufbewahrt. Das funktioniert auch gut, da die Mappe die Akten zuverlässig zusammenhält.

Im Nachhinein heften

Möchten Sie dennoch etwas abheften, können Sie den Stehhefter nutzen (›S. 83). Sie sind aber nicht auf den Einsatz von Stehheftern angewiesen. Sie können Unterlagen in einer bestehenden Mappe auch im Nachhinein durch eine Heftzunge zusammenhalten.

Verschiedene Heftvorrichtungen

Für diesen Zweck gibt es selbstklebende Heftvorrichtungen verschiedener Typen. Das linke Foto zeigt die Klebeseite, auf dem rechten Bild ist die Seite zu sehen, auf der das Papier aufgeheftet wird.

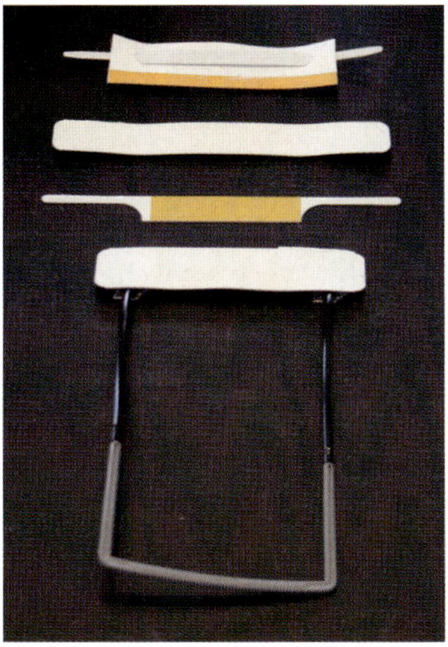

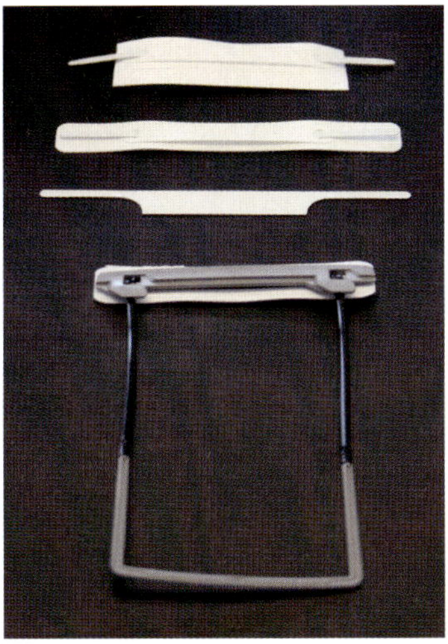

Heftvorrichtungen und ihre Eigenschaften

Bei der *ersten* Heftzunge von oben (92 10 38) wird extrem reißfestes Tyvekpapier in die Mappe geklebt. Die Zunge besteht aus Metall. Die *zweite* Heftzunge von oben (92 10 37) hat einen selbstklebenden Heftzungenträger aus Kunststoff. Die *dritte* Heftzunge von oben (92 10 31) besteht aus Metall, bei dem das Mittelstück selbstklebend ist. Sie ist für besonders dünne Vorgänge geeignet und trägt kaum auf. Bei der *vierten* Heftvorrichtung von oben (92 11 34) handelt es sich um eine Schlauchheftung. Sie kann bis zu 600 Blätter aufnehmen und funktioniert wie beim MAPPEI-Ordner (›S. 85ff.).

Out-Mappe

Praktisches Tool für Teams

Wenn Sie Ordnungsmappen gemeinschaftlich nutzen, muss deutlich werden, wer eine Akte entnommen hat. Diesem Zweck dient die Out-Mappe (22 30 99). Sie besteht aus Kunststoff, oben befindet sich ein auffälliger Signalläufer. An die Rückwand ist eine transparente Tasche angeschweißt. Diese Tasche kann eine Notiz oder die Visitenkarte desjenigen aufnehmen, bei dem die Mappe zu finden ist. Außerdem kann diese Tasche solchen Papieren eine temporäre Heimat geben, die in Abwesenheit der Ordnungsmappe eingehen.

CD-Tasche

Taschen für CDs und DVDs

CDs und DVDs können Sie in einem CD/DVD-Board aufbewahren (23 31 42). Es ähnelt dem Memory-Board (›S. 109) und bietet Taschen für Sichthüllen mit zehn Scheiben.

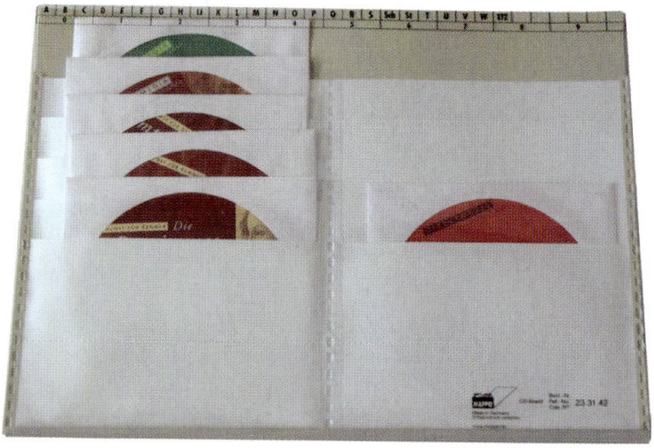

Transporttasche

Transporttaschen von MAPPEI

Wenn Sie Akten mit auf Reisen nehmen, können Sie Ordnungsboxen in Ihre vorhandenen Akten- bzw. Pilotenkoffer stellen. Sie können auch eine Transporttasche einsetzen, die für MAPPEI gefertigt wird. Es gibt eine kleine Transporttasche für eine Box (98 00 09) und eine große Transporttasche für zwei Boxen (98 00 10).

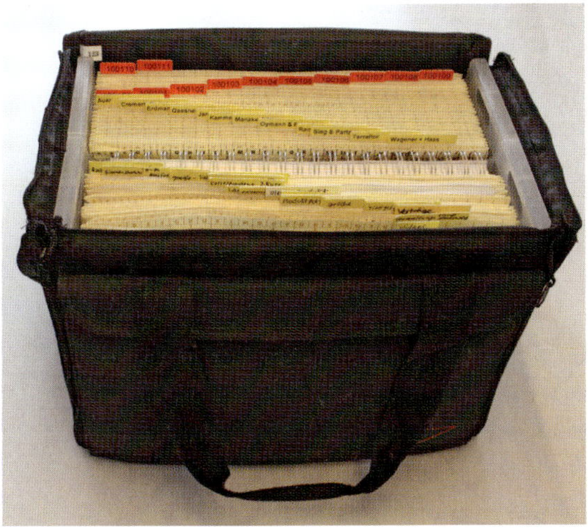

Eigenschaften der Taschen

Die schwarzen Taschen bestehen aus Mikrofaser, haben eine Trageschlaufe sowie einen abnehmbaren Umhängeriemen. Vorn ist eine Tasche aufgesetzt, die Stifte und sonstige Kleinutensilien aufnimmt. Die Taschen werden mit Reißverschlüssen und Klettband verschlossen.

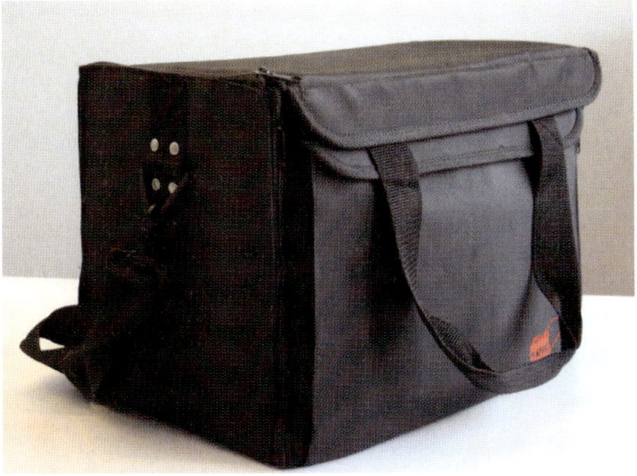

Möbel

Teleskopauszug Ordnungsboxen können Sie an vielen Orten abstellen – auf Schreibtischen, in Rollcontainern, in Regalen und Schränken. Vorhandene Regalböden können Sie bei Bedarf mit dem Teleskopauszug nachrüsten (88 14 50). Er wird auf den Regalboden geschraubt und nimmt drei Boxen auf.

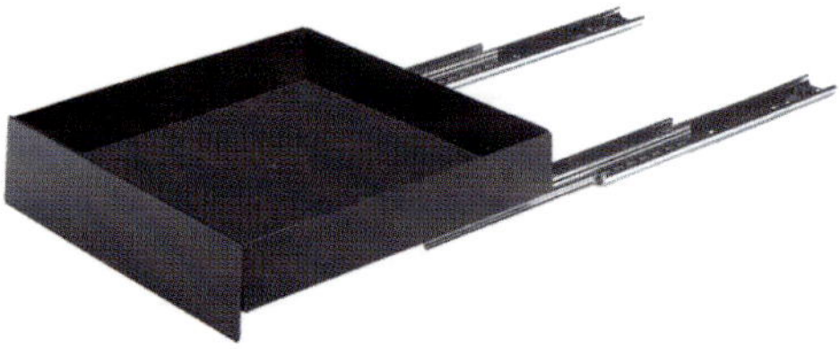

Mappothèque Es ist auch ein Stahlschrank lieferbar, der speziall für Ordnungsboxen gefertigt wird und »Mappothèque« heißt. Es gibt Modelle für 75 Boxen (83 23 16) sowie für 50 Boxen (83 22 16).

Weitere Möglichkeiten Es gibt eine Reihe weiterer Möglichkeiten, etwa den Akten-Caddy für 16 Ordnungsboxen, den Akten-Trolley für sechs Ordnungsboxen sowie stationäre und fahrbare Regalsysteme. Sie im Einzelnen zu beschreiben, würde an dieser Stelle zu weit führen.

Teil II

So funktioniert es – MAPPEI im Einsatz

Kapitel 1
Nützliche Prinzipien und Gewohnheiten

Begeisterung und feste Vorsätze

Wer mit etwas Neuem beginnt, der ist oft voller Enthusiasmus. Das gilt auch für manche MAPPEI-Nutzer: Motiviert, ja begeistert starten sie. Sie freuen sich, einen neuen Ansatz und neue Tools entdeckt zu haben. Sie fassen den festen Vorsatz, ihren Schreibtisch dauerhaft von Stapeln zu befreien, und legen los.

Auf die Gewohnheiten kommt es an

Ich kenne allerdings MAPPEI-Anwender, die die neuen Organisationsmittel nach kurzer Zeit gar nicht mehr nutzen. Der Schreibtisch ist wieder genauso chaotisch wie früher, am empfundenen Stresslevel hat sich nichts geändert. Woran liegt das? Daran, dass die Methode nichts taugt? Nein. Der Grund liegt darin, dass es Gewohnheiten sind, die den Unterschied machen. Und gute Gewohnheiten müssen bewusst geübt werden, bis sie sich eingespielt haben. Setzen Sie Ihre Hoffnungen also nicht allein auf die neuen Arbeitsmittel, auch wenn diese dazu entworfen wurden, Ihnen das Ordnunghalten zu erleichtern.

Gewohnheiten sind stärker als Vorsätze

Weil Gewohnheiten viel stärker sind als gute Vorsätze, ist es hilfreich, dass Sie sich einige wichtige Prinzipien zu eigen machen. Trainieren Sie solche Gewohnheiten, die Ordnung unterstützen und das Erledigen Ihrer Aufgaben fördern.

Zu diesen Gewohnheiten zählen die Sofort-Ordnung, das Benutzen des Schreibtisches zum Arbeiten, das Abarbeiten der aktuellen Aufgabe, das Dünnhalten der Akten, das einheitliche Ablegen sowie das Setzen sinnvoller Grenzen.

Profitieren Sie vom Prinzip der Sofort-Ordnung

Freier Posteingang, freier Kopf

Das Prinzip der Sofort-Ordnung sorgt dafür, dass Ihr Posteingang – und noch wichtiger: Ihr Kopf – frei bleibt.

Organisation beim Entstehen

Wie funktioniert das Prinzip?
Gewöhnen Sie sich an, den Vorgang schon beim Entstehen in Ihre Aktenorganisation zu überführen. Das heißt, wenn Sie den Posteingang bearbeiten, dann legen Sie eingetroffene Schriftstücke sofort am richtigen Platz ab. Besteht noch keine Akte, legen Sie eine neue Ordnungsmappe an. Wenn es schon eine Mappe gibt, dann legen Sie das Papier dort ab.

Beispiel

Beispiel: Mein Posteingang sieht heute so aus wie auf dem nebenstehenden Foto. Ich nehme den oberen Umschlag und lege ihn auf meinen Schreibtisch, der ansonsten leer ist.

Umschlag mit Manuskript

Als ich den Brief öffne, sehe ich, dass er ein Vortragsmanuskript enthält. Ich bin schon auf den Inhalt gespannt, kann den Text aber erst in einigen Tagen lesen.

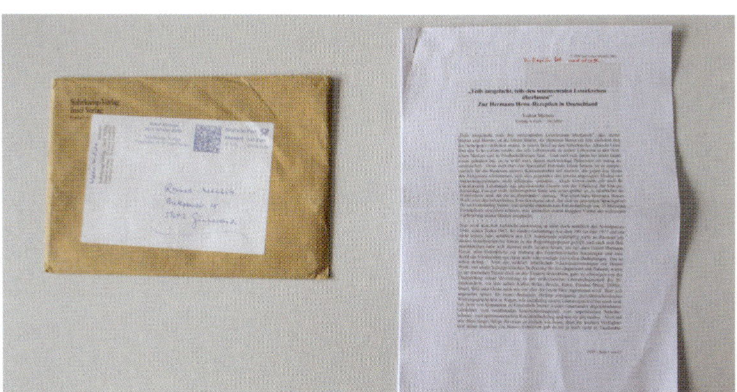

Text kommt in Mappe

Daher lege ich den Text in die bereits bestehende Mappe mit anderen Unterlagen meines Korrespondenzpartners.

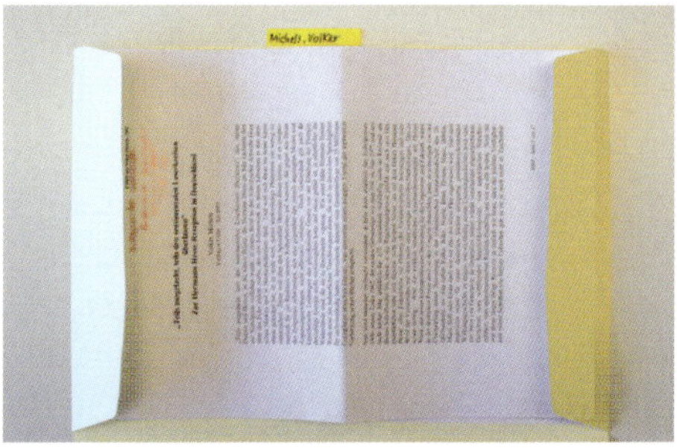

Hätte ich noch keine Mappe gehabt, dann wäre jetzt im Sinne der Sofort-Ordnung der richtige Moment gewesen, sie anzulegen.

Umschlag kommt in Papierkiste

Den Briefumschlag werfe ich in die Papierkiste. Ich benutze übrigens absichtlich eine Kiste statt eines Papierkorbs, denn in eine Kiste passt viel mehr hinein, und – in sehr seltenen Fällen – ich kann ein weggeworfenes Schriftstück auch noch nach Tagen unzerknickt wieder herausholen.

Im Kalender notiere ich, wann ich mich dem Manuskript widme. Die Mappe stelle ich an die entsprechende Position der Wiedervorlage. Anschließend nehme ich den nächsten Umschlag aus dem Posteingang und gehe in ähnlicher Weise vor.

Tipp

Am Abend: leerer Posteingang

Am Abend sollte der Posteingang leer sein. Lassen Sie es daher nicht zu, dass Stapel wachsen. Machen Sie, falls nötig, vor Feierabend noch mal kurz Klarschiff.

Damit halten Sie den Aufwand und zugleich die nötige Überwindung gering. Denken Sie dabei an Ihre Küche. Hier warten Sie mit dem Abwasch auch nicht, bis Spüle und Ablageflächen mit schmutzigem Geschirr zugestellt sind. Falls Sie eine Spülmaschine nutzen: Schmutzige Teller stellen Sie vermutlich sofort hinein, anstatt zunächst einen Tellerturm zu errichten.

Benutzen Sie den Schreibtisch nur zum Arbeiten, nie zum Parken (Prinzip der Stapellosigkeit)

Ein leerer Schreibtisch motiviert, fördert die Konzentration beim Arbeiten und reduziert Stress.

Wie funktioniert es?
Sie können (und sollten) Ihren Schreibtisch immer frei halten. Auch dies ist eine Frage der Gewohnheit. Sollten Sie Zweifel am Sinn freier Schreibtische haben, lade ich Sie dazu ein, es einmal so zu sehen:

Den Schreibtisch stets frei halten

> **Wer seinen Schreibtisch frei hält, hat Platz für neue Erfolge.**

Tipps für den Start

Falls Sie noch nicht mit einem freien Schreibtisch arbeiten, fangen Sie am besten jetzt damit an. Nehmen Sie alles herunter, was sich auf Ihrem Schreibtisch befindet. Wirklich alles. Sie können die Papiere und Gegenstände in einem Karton aufbewahren und aus diesem heraus dorthin sortieren, wo sie tatsächlich hingehören. Termingebundene Unterlagen gehören beispielsweise in die Wiedervorlage (›S. 141ff.) und Papiere zu laufenden Aufgaben in die Zwischenablage (›S. 146ff.). Was nach 14 Tagen noch in der Kiste ist, archivieren Sie bzw. werfen Sie weg. Ihr Schreibtisch sollte jedenfalls aussehen wie neu.

Der Schreibtisch ist kein Ablageplatz

Machen Sie es sich zur Angewohnheit, dass auf Ihrem Schreibtisch ab jetzt nur solche Papiere liegen, die mit der Aufgabe zu tun haben, an der Sie gerade arbeiten. Wenn Sie keinen besseren Platz haben, kommen noch die täglich benötigten Arbeitswerkzeuge auf den Tisch, etwa das Telefon, die Computertastatur, die Maus – und sonst nichts. Vermeiden Sie konsequent das »Parken« von Informationen auf Ihrem Schreibtisch. Ihr Schreibtisch ist kein Ablageplatz. Zum Ablegen gibt es bessere Lösungen.

Ursache für Stapel

Die Einstellung »Das schaue ich mir später genauer an« dürfte übrigens die häufigste Ursache dafür sein, dass sich Stapel bilden und Zeit verloren geht. Wenn Sie Dokumente wiederholt durchblättern, weil Sie etwas suchen, ist dies ein Hinweis dafür, dass Sie die Arbeitsphasen »Planen« und »Ausführen« nicht klar trennen (›S. 51) und das Prinzip der Stapellosigkeit verletzen.

Stapel sind Ausdruck nicht getroffener Entscheidungen

Gewöhnen Sie sich deshalb an, keine Stapel mehr zu bilden. Blätter gehören in Ordnungsmappen (oder in den Papierkorb). Und Ordnungsmappen gehören in Ordnungsboxen. Stapel sind bei konsequenten Anwendern der MAPPEI-Methode Teil der Vergangenheit. Wo es noch Stapel gibt, sind sie das Ergebnis nicht getroffener Entscheidungen – gemeint ist hier die Entscheidung, ob etwas relevant ist, sowie die Entscheidung, zu welchem Sachverhalt ein Papier gehört.

Die Erfahrung zeigt: Das Einsortieren von Unterlagen, die Sie bearbeitet haben, ist meist nicht das Problem, denn es geht schnell – Sie stecken die Papiere in die zugehörige Mappe und die Mappe in ihre Box. Problematischer sind Zettel, Briefe und andere Papiere, die Ihnen im Laufe des Tages neu zugehen. Wie Sie mit diesen Unterlagen umgehen, erfahren Sie auf Seite 135, wo Sie Hinweise für den Umgang mit dem Posteingang finden.

Sollten Sie noch nicht überzeugt sein, dann bedenken Sie bitte:

Kein Zeichen von Fleiß

- Ein voller Schreibtisch ist nicht zwangsläufig Zeichen besonderen Fleißes, sondern bezeugt eher ein mangelndes Organisationsvermögen. Einzelkämpfer können sich das leisten, Teamplayer eher nicht. Denn wie sollen sich Kollegen im Rahmen der Abwesenheitsvertretung an einem chaotischen Schreibtisch zurechtfinden? In den Papierstapeln auf den Schreibtischen vermischen sich die unterschiedlichsten Projekte. Mit der MAPPEI-Methode ist es dagegen einfach, zusammengehörende Akten auch zusammen und nachvollziehbar aufzubewahren.

»Clear Desk Policy«

- In manchen Unternehmen gibt es eine »Clear-Desk-Policy«. Es handelt sich dabei um eine Unternehmenspolitik, die vorschreibt, die Schreibtische am Abend leer zu hinterlassen, um Diebstahl und Spionage – etwa durch das Reinigungspersonal – vorzubeugen. Wer seinen Schreibtisch nur zum Arbeiten, aber nicht zum Stapeln von Papieren benutzt, kann dieser Forderung problemlos nachkommen.

Eindruck der Überforderung

- Wer auf seinem Schreibtisch Stapel hat und diese täglich sieht, der blickt damit zugleich auf eine Menge Arbeit. Man kann sich dabei schnell unwohl fühlen und denken: »Oje, das muss ich alles noch bearbeiten.« Aus dem Gefühl des Unwohlseins kann im Laufe der Zeit sogar ein Eindruck der Überforderung entstehen.

- Bezogen auf das einzelne Schriftstück gilt die Erfahrung: Je länger etwas auf dem Schreibtisch liegt, desto mehr neigen Menschen dazu, es zu ignorieren. Dem können Sie durch einen freien Schreibtisch entgegenwirken: Was sich auf Ihrem Schreibtisch befindet, hat eine hohe Priorität und wird aus diesem Grund gerade jetzt bearbeitet.
- Viele bewahren Papiere zu laufenden Vorgängen auf ihrem Schreibtisch auf, weil sie meinen, damit einen besseren Überblick zu haben und nichts zu vergessen. Ihre Angst ist es, dass Unterlagen, die aus den Augen geraten, auch aus dem Sinn verschwinden. Diese Transparenz ist aber ein Selbstbetrug. Wer sich daranmacht, den Schreibtisch von Stapeln zu befreien, der ist vermutlich selbst schon auf Monate alte Unterlagen gestoßen, an die er dringend hätte denken müssen. Das Lagern auf dem Schreibtisch hat also nichts gebracht – außer einem schlechten Gewissen.

Stapel machen ein schlechtes Gewissen

Fazit: Wenn Sie den Schreibtisch von Stapeln befreien, dann ist das keine Frage der Ästhetik, sondern ganz nüchtern eine Frage der besseren Organisation und des geringeren Stresses.

Keine Frage der Ästhetik

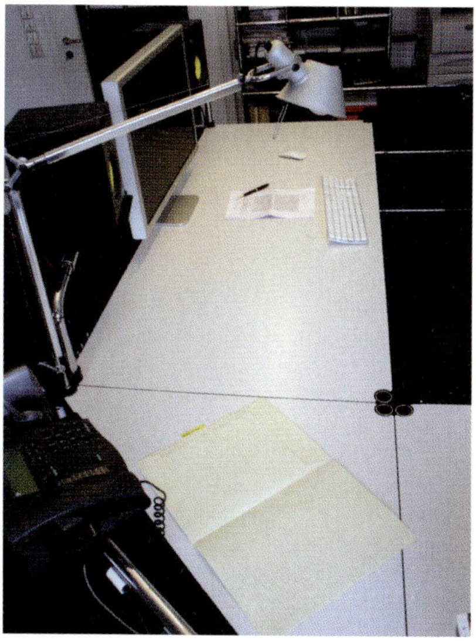

Falls es nicht auf Anhieb klappt: Vielleicht tröstet Sie das Wissen, dass auch ich anfangs immer wieder in die alten Muster zurückgefallen bin. Bei mir hat es etwa ein Jahr gedauert, bis ich den Dreh raus hatte.

Bleiben Sie bei der Aufgabe, an der Sie gerade arbeiten (Laserstrahl-Prinzip)

Auch dieses Prinzip fördert die Konzentration und reduziert Stress.

Wie funktioniert es?

Die Versuchung ist groß

Auf Ihrem Schreibtisch liegen nur die Unterlagen, die Sie zum Bearbeiten der aktuellen Aufgabe brauchen? Prima. Dennoch ist die Versuchung groß, parallel weitere Dinge zu erledigen. Schließen Sie daher auch Ihr Mailprogramm. Erarbeiten Sie sich die Gewohnheit, erst dann wieder in die Mails zu schauen, wenn Sie die aktuelle Aufgabe beendet haben. Auch möglich: Sie gewöhnen sich an, nur zwei- bis maximal dreimal am Tag die Mails abzurufen und diese dann ebenso konzentriert und rasch zu bearbeiten.

Singletasking und Multitasking

Singletasking	Multitasking
■ Sie erledigen eine Aufgabe nach der anderen. ■ Auf dem Schreibtisch sind die Unterlagen, die Sie zum Bearbeiten der aktuellen Aufgabe brauchen. ■ Die Tischplatte ist ansonsten frei.	■ Sie widmen sich einer neuen Aufgabe, bevor Sie die alte abgeschlossen haben. ■ Auf dem Schreibtisch liegen viele Papiere und Gegenstände, die Sie im Moment überhaupt nicht benötigen.
Die Aufmerksamkeit lässt sich leichter fokussieren. **Sie arbeiten konzentrierter.**	Die Aufmerksamkeit springt hierhin und dahin. **Sie arbeiten unkonzentrierter.**

Die Energie konzentrieren

Es heißt, Multitasking sei die Kunstfertigkeit, vieles nicht zu schaffen, durch den Versuch, alles gleichzeitig zu bewältigen. Multitasking bedeutet ja, dass Sie Ihre Energie gleichzeitig auf mehrere Ziele verteilen. Das kann zwar in manchen Fällen angemessen sein. In vielen anderen Fällen ist es dagegen sinnvoller, die Energie wie bei einem Laserstrahl auf die aktuelle Aufgabe zu konzentrieren. Tun Sie es, wo immer es Ihnen möglich ist. Wenden Sie das Laserstrahl-Prinzip – außer in dringenden Fällen – auch bei Unterbrechungen durch Chefs und Kollegen an: »Ja, ich kümmere mich gern darum – wenn ich die aktuelle Aufgabe abgeschlossen habe.«

Halten Sie die Akten dünn (Prinzip der Aktentrennung)

Dünne Akten machen es möglich, dass Sie benötigte Papiere mit einem Blick finden und mit einem Griff zur Hand haben.

Wie funktioniert es?

Weitere Mappen anlegen

Hier geht es um das Prinzip der Aktentrennung und damit um das Vereinzeln, das Sie bereits auf Seite 42f. kennengelernt haben. Wird eine Akte dicker, ist es Zeit, weitere Mappen anzulegen. Auch eine Akte, die nur ein einziges Blatt enthält, ist oft sinnvoll.

Beispiel: Renovierung der Büroküche

Beispiel: Sie sollen sich um die Renovierung der Büroküche kümmern und legen eine Mappe an mit dem Reiter »Büroküche«. Was mit der Renovierung zu tun hat, wandert in die Mappe: Ideen, Budgetvorgaben und so weiter. Im Laufe der Zeit nimmt der Mappenumfang zu. Kristallisieren sich verschiedene Themen heraus, ist es an der Zeit, das Prinzip der Aktentrennung anzuwenden: Sie teilen die Inhalte der Mappe auf mehrere neue Mappen auf.

Je eine Mappe

Bei der Küchenrenovierung kann das beispielsweise so aussehen, dass Sie für den Küchenschrank, den Durchlauferhitzer, die Wasserleitungen und den Anstrich je eine Mappe anlegen.

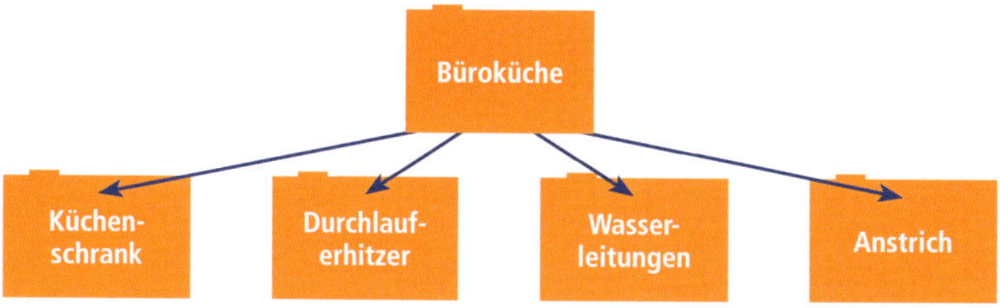

Das Angebot des Schreiners kommt dann in die Mappe »Küchenschrank«, der Prospekt für die Warmwasseraufbereitung in die Mappe »Durchlauferhitzer«. Bei Telefonaten und Besprechungen haben Sie dann immer das zur Hand, was Sie gerade brauchen. In der gemeinsamen Mappe »Büroküche« hätten Sie dagegen erst blättern und suchen müssen.

Tipp

Lieber eine Mappe zu viel anlegen

Legen Sie lieber eine Mappe zu viel an als eine zu wenig. Wenn Sie später auf die Akten zugreifen und das Gewünschte sofort finden, zahlt sich das aus.

Legen Sie einheitlich ab – egal ob im Computer oder mit Mappen (Identitäts-Prinzip)

Manche Unterlagen bekommen Sie elektronisch, andere in Papierform. Das Identitäts-Prinzip schafft eine Verbindung zwischen der Papierablage und elektronischen Lösungen. Wenn Sie dieses Prinzip beachten, wissen Sie immer, wo Sie eine Information finden – ob Sie am Rechner arbeiten oder mit Ordnungsboxen.

Wie funktioniert es?

Einheitliche Struktur

Wenn Sie Informationen ablegen, gehen Sie nach einem einheitlichen System vor. Das heißt, die Ordnerstruktur im Computer entspricht der Struktur Ihrer Papierablage. Für Windows-Nutzer ist es mit Unterstützung durch MAPPEI möglich, nicht nur die Bezeichnungen zu übernehmen, sondern auch die Farbstruktur Ihrer Papierablage in den Windows Explorer zu überführen.

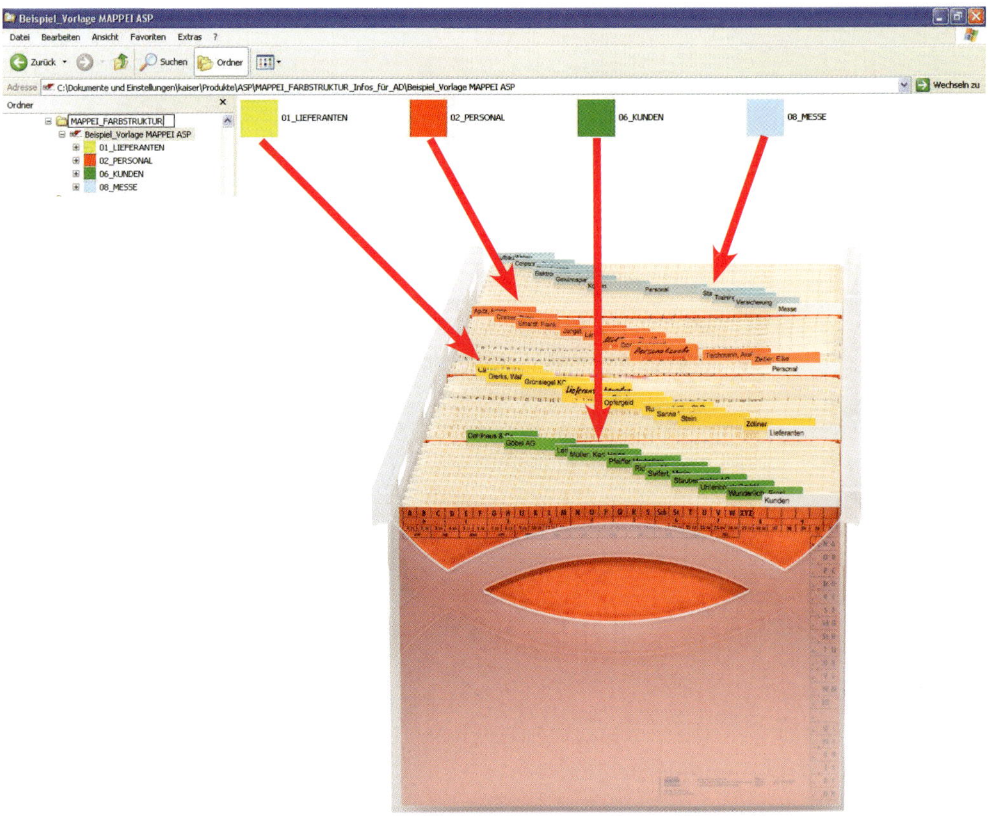

Das Identitäts-Prinzip gilt nicht nur für die Struktur der Reiter-Farben: Auch innerhalb eines Sachgebietes muss die Struktur der EDV- und der Papierablage einheitlich sein.

Beispiel: Ablagestruktur von Projekten

Das im Folgenden abgebildete Beispiel zeigt die Ablagestruktur von Projekten. Ob Sie ein Dokument virtuell oder real ablegen: Der Name des Ablageortes ist immer gleich. Bei der Ablage im Computer werden die Ordner bzw. Verzeichnisse entsprechend benannt, bei der Ablage in Papierform werden die Leitkarten entsprechend beschriftet. Die Projektnummer in diesem Beispiel sorgt übrigens unter anderem dafür, dass die Projekte im Computer untereinanderstehen. Neben der Nummer steht der Name des Projektes.

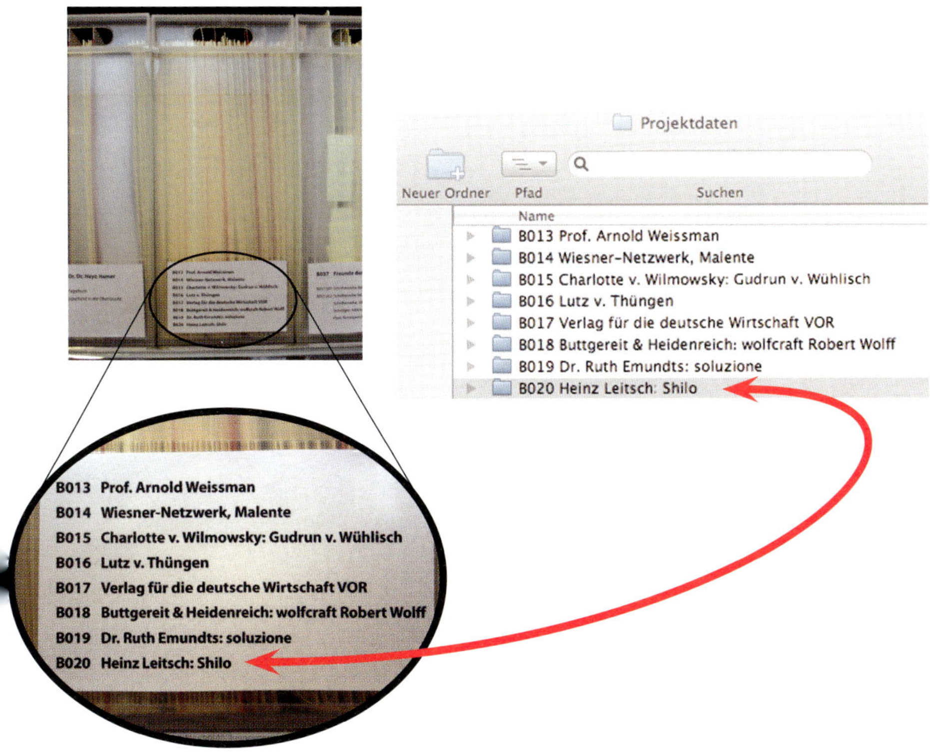

Tipp

Das Anwenden des Identitäts-Prinzips wird einfacher, wenn Sie sich dabei an einem Aktensystemplan orientieren. Wie ein solcher Plan aufgebaut sein kann, erfahren Sie ab Seite 206.

Setzen Sie sinnvolle Grenzen (Prinzip der bewussten Reduktion)

Begrenzungen sorgen dafür, dass Sie nicht in Akten ersticken. Sie helfen Ihnen außerdem dabei, sich nicht zu verzetteln.

Rommert-Regel

Hintergrund: Menschen tendieren dazu, so viel Raum zu beanspruchen, wie zur Verfügung steht. Das habe ich selbst viele Jahre lang so erlebt – Sie können sich den Zusammenhang also gern als Rommert-Regel merken :-)

Missbrauchte Flächen

Beispielsweise sind Regale so gut wie immer voll. Wenn Sie aufräumen, entstehen freie Flächen – die in der Regel rasch wieder belegt sind. Das Gleiche passiert oft mit dem Fußboden sowie mit anderen Flächen, die sich zum Abstellen missbrauchen lassen.

Konzentration auf den wirksamsten Punkt

Ähnlich verhält es sich mit Aufgaben und Projekten: Wenn Sie nicht bewusst Grenzen setzen, ufert die Menge aus – interessant ist schließlich sehr vieles. Doch Erfolg entsteht nicht dort, wo sich jemand verzettelt, sondern wo die Kräfte auf den wirksamsten Punkt konzentriert werden.

Wie funktioniert es?

Grenzen einbauen

Wo immer Sie Akten aufbewahren und Aufgaben verwalten: Gewöhnen Sie sich an, in die Systeme bewusst Grenzen einzubauen.

Beim Aufbewahren von Akten kann dies dadurch geschehen, dass Sie Ihr Archiv rollierend organisieren. Das heißt, jedes Jahr entsorgen Sie die Unterlagen, deren Aufbewahrungsfrist abgelaufen ist. Damit schaffen Sie Platz für das neu zu archivierende Material.

Archiv rollierend organisieren

In der Regel müssen Sie nur die Inhalte der betroffenen (Archiv-) Kartons wegwerfen. Die Kartons stehen dann für die neuen Akten zur Verfügung und können mit einem neuen Rückenschild versehen werden. Der insgesamt für die Archivierung dieser Unterlagen benötigte Platz ist damit klar und sinnvoll begrenzt.

Beispiel: pro Jahr eine Box

Im Bildbeispiel werden Ordnungsboxen eingesetzt (im MAPPEI-Programm inzwischen ersetzt durch die auf Seite 103 abgebildete Box). Die Papiere eines Jahres füllen in diesem Beispiel eine Box. Die Unterlagen von 1998 wurden nach dem 1. Januar 2009 vernichtet. Die Box nahm die Unterlagen von 2009 auf.

So funktioniert es

Begrenzen Sie auch die Zahl der Aufgaben und Projekte, um die Sie sich kümmern. Dies betrifft Projekte, die Sie vielleicht irgendwann einmal umsetzen werden (›S. 149f.), ebenso wie die Ziele, die Sie in einem bestimmten Zeithorizont realisieren wollen (›S. 152f.).

Auch Aufgaben und Ziele begrenzen

Tipp

Das Prinzip der bewussten Reduktion ist auch mit Blick auf die Zeit wirksam. Da eine Arbeit sich meist in genau dem Maße ausdehnt, wie Zeit für ihre Erledigung zur Verfügung steht (Parkinsonsches Gesetz), sollten Sie auch hier Grenzen setzen. Legen Sie fest, bis wann Sie eine bestimmte Sache erledigt haben wollen bzw. wie viel Zeit Sie in die Erledigung investieren werden.

Zeit begrenzen

Nehmen Sie Rücksicht auf persönliche Neigungen

Manche der in diesem Kapitel skizzierten Prinzipien und Gewohnheiten mögen Ihnen auf den ersten Blick trivial erscheinen. Doch wer sie befolgt, kann sich schon kurze Zeit später über Zeitreserven und einen freieren Kopf freuen.

Persönlichkeit berücksichtigen

Welcher Gedanke sich für Sie als besonders wertvoll herausstellt, ist unter anderem davon abhängig, mit welchen bevorzugten Verhaltenstendenzen Sie als Persönlichkeit ausgestattet sind. Jeder geht anders mit der MAPPEI-Methode um. Wenn Sie Ihre Büroorganisation umstellen wollen, sollten Sie darauf Rücksicht nehmen – mit Blick auf sich selbst sowie mit Blick auf andere im Team, die eigene, andere Verhaltenstendenzen ausgeprägt haben.

Vier Grundtypen

Es kann eine Hilfe sein, vier Grundtypen zu unterscheiden – auch wenn jeder Mensch einmalig ist, die im Folgenden skizzierten Typisierungen nicht in Reinform auftreten und ihre Darstellung an dieser Stelle zwangsläufig sehr stark vereinfachend ausfällt. Diese vier Grundtypen und ihre Mischformen werden in verschiedenen Persönlichkeitsmodellen genauer beschrieben, beispielsweise im persolog-Persönlichkeits-Modell (Friedbert Gay: »Das persolog Persönlichkeits-Profil. Mit Fragebogen zur Selbstauswertung.« Offenbach: GABAL Verlag).

Das Modell geht davon aus, dass es vier grundsätzliche Verhaltensdimensionen gibt:

- Dominanz (D)
- Initiative (I)
- Stetigkeit (S)
- Gewissenhaftigkeit (G)

Jeweils eigene Stärken und Schwächen

Jeder Mensch weist Anteile aller vier Verhaltensdimensionen auf, wobei einzelne Dimensionen stärker ausgeprägt sein können als andere. Wichtig zu wissen: Der Erfolg eines Menschen hängt nicht davon ab, welche Verhaltensdimension vorherrscht: Jede Dimension bringt ihre eigenen Stärken und Schwächen mit sich. Viel entscheidender als die vorherrschende Verhaltensdimension ist, ob sich ein Mensch gut kennt, andere versteht und sein Handeln an den Erfordernissen der Situation ausrichten kann.

Eigenschaften der Verhaltensdimensionen

Die vier Verhaltensdimensionen zeichnen sich unter anderem durch folgende Eigenschaften aus:

- *Dominanz (D):*
  direkt, energisch, geht Herausforderungen entschlossen und selbstsicher an
- *Initiative (I):*
  inspirierend, kontakfreudig, ideenreich, begeisternd und begeistert, gesellig
- *Stetigkeit (S):*
  stabil, aufmerksam, gutmütig, rücksichtsvoll, loyal, unterstützend, ausgleichend
- *Gewissenhaftigkeit (G):*
  vorsichtig, akkurat, diplomatisch, gründlich, logisch, korrigierend

Dominant

Sie wissen, dass Sie als besonders *dominant* gelten?

- Dann stehen Sie eventuell in der Gefahr, an andere aus dem Team zu hohe Ansprüche zu stellen.
- Sie sollten sich eingestehen, dass auch mit der MAPPEI-Methode nicht überall schnelle Ergebnisse möglich sind.
- Tipp: Falls Sie die Einführung der MAPPEI-Methode vorantreiben wollen, setzen Sie sich mit den Wahrnehmungen und Gefühlen Ihrer Teammitglieder auseinander. Dass viele Fakten für die MAPPEI-Methode sprechen, reicht bei manchen nicht aus. In ihnen können Widerstände schlummern, die die Einführung behindern.

Initiativ

Sie wissen, dass Sie als besonders *initiativ* gelten?

- Dann probieren Sie gern neue Methoden aus und interessieren sich vielleicht schon allein aus diesem Grund für MAPPEI.
- Allerdings stellen Sie möglicherweise nach einer Weile fest, dass Sie nicht lange dabeigeblieben sind.
- Sie sind, was das Prinzip der Sofort-Ordnung angeht, der Typ, dem die Umsetzung vermutlich am schwersten fallen wird.
- Tipp: Prüfen Sie genau, ob ein Umstieg für Sie wirklich sinnvoll ist und welchen Nutzen er bringt. Machen Sie sich klar, dass MAPPEI Strukturen zur Verfügung stellt, mit denen Sie Ihre Arbeit leichter organisieren und zum Abschluss bringen können.

Stetig Sie wissen, dass Sie als besonders *stetig* gelten?

- Dann spüren Sie gegebenenfalls Widerstände gegen die Einführung der MAPPEI-Methode – allein schon aus dem Grund, weil sich Dinge ändern sollen, die sich in der Vergangenheit bewährt haben: »Bisher hat der Umgang mit Akten doch auch funktioniert.«
- Sie sind so etwas wie der Stabilisator in Ihrem Team. Wurden Sie ein überzeugter Nutzer der MAPPEI-Methode, dann sind Sie wahrscheinlich die Person, die neuen Kollegen dabei hilft, die Methode kennenzulernen und im Alltag anzuwenden.
- Tipp: Wenn Sie noch unschlüssig sind, lassen Sie sich zunächst in einem klar abgegrenzten Testfeld darauf ein und geben Sie dem neuen Herangehen eine Chance; probieren Sie zum Beispiel die Wiedervorlage aus (›S. 141f.).

Gewissenhaft Sie wissen, dass Sie als besonders *gewissenhaft* gelten?

- Dann sind Sie ein Mensch, der Entscheidungen gut durchdenkt und bei dem so gut wie nie etwas verloren geht, weil Sie gründlich jedes Blatt anschauen und wegsortieren. Auch wenn es manchmal etwas dauern kann, Sie werden es wiederfinden.
- Eventuell stehen Sie in der Gefahr, mehr Zeit mit dem Planen einer Aufgabe zu verbringen, als ihre Erledigung kostet.
- Sie sind mit einiger Wahrscheinlichkeit die Person, die darum gebeten wird, im Unternehmen den Aktensystemplan auszuarbeiten (›S. 206ff.). Achten Sie darauf, dass er nicht *zu* differenziert ausfällt. Wenn Sie jede nur irgendwie denkbare Variante im Vorhinein berücksichtigen wollen, gehen Sie zu weit und der Aktensystemplan ist nicht alltagstauglich genug.
- Tipp: Sie achten bei Ihrer persönlichen Arbeit darauf, dass Sie nicht jeden eingehenden Zettel ablegen. Vieles, was Ihren Schreibtisch erreicht, ist unwichtig und kann weggeworfen werden.

Kapitel 2
Tipps für Ihren Arbeitsplatz

Die Wirkung steigern

Die stressreduzierende Wirkung der MAPPEI-Methode können Sie steigern, indem Sie die Organisation Ihres Arbeitsplatzes überdenken und – wo nötig – neu gestalten. Dass es sinnvoll sein kann, statt eines Papierkorbs eine Papierkiste zu benutzen, wissen Sie bereits (›S. 122).

Mögliche Aufgaben

Darüber hinaus lade ich Sie dazu ein, sich den folgenden Aufgaben zu widmen:

- Definieren Sie einen Posteingang und damit den Ort für eingehendes Material.
- Legen Sie einen Platz fest für Unterlagen, die Sie zu einem unbestimmten Zeitpunkt lesen möchten.
- Klären Sie Ihren Umgang mit Vorgängen, die eine sehr kurze Verweildauer haben.
- Bestimmen Sie, wo Sie häufig benötigte Mappen und Reiter aufbewahren.

Ort für eingehendes Material (Posteingang)

Ein Posteingang pro Schreibtisch

Der Blick auf beliebige Schreibtische zeigt: Manche nutzen mehrere Posteingangsschalen, andere wiederum nutzen gar keinen Posteingang mit dem Ergebnis, dass eingehendes Material mal hierhin gelegt wird und mal dahin. Ich bin davon überzeugt, dass es sinnvoll ist, nur einen einzigen Posteingangskorb zu haben – und zwar an jedem einzelnen Schreibtisch.

Alles an einem Platz

In diesen einen Korb kommen alle Papiere und Unterlagen hinein, die Sie in irgendeiner Weise bearbeiten müssen. Dazu gehören neben externer und interner Post auch Notizen, Magazine, Rückrufzettel, Memos, Hausmitteilungen und so weiter. Nutzen Sie mehrere Eingangskörbe, dann laufen Sie Gefahr, ein Bermudadreieck zu installieren, in dem die Aufgaben verschwinden. Verwenden Sie gar keinen Eingangskorb, dann legen Ihnen die Kollegen das Material auf den Schreibtisch, was zu Stress führen kann. Denn im Moment haben Sie gerade ganz andere Dinge zu tun und wollen noch gar nicht wissen, was noch alles auf Sie zukommt und möglicherweise wichtig ist.

Mit Namen und Funktion beschriften

Jürgen Kurz, der ausgewiesene Experte für das nachhaltige Aufräumen von Büros (www.für-immer-aufgeräumt.de), empfiehlt zudem, die Posteingangskörbe mit den Namen des jeweiligen Mitarbeiters sowie seiner Funktion bzw. Abteilung zu beschriften. Dann finden sich auch neue Mitarbeiter sowie Praktikanten und Werksstudenten besser zurecht. Wie der Posteingang im Unternehmen von Jürgen Kurz aussieht, zeigt das folgende Beispiel:

Täglich leeren

Auch der Umgang mit dem Posteingang funktioniert nur mittels einer Gewohnheit, die Sie gegebenenfalls trainieren müssen: Leeren Sie die Schale täglich – denn der Posteingang ist wie ein Briefkasten und muss auch als solcher benutzt werden. Er ist die definierte Schnittstelle zwischen Ihrem Arbeitsplatz und der Außenwelt, er ist ein Ort für den kurzzeitigen Aufenthalt und darf nicht als Ablage missbraucht werden. Für die Ablage gibt es bessere, weil übersichtlichere Möglichkeiten.

Wenn Sie den Posteingang bearbeiten, dann gehen Sie folgendermaßen vor. Sie nehmen das, was oben liegt, in die Hand und treffen eine Entscheidung:

- Können Sie es wegwerfen? Falls ja: Ab in die Papierkiste. **Wegwerfen …**
- Sind Sie überhaupt der richtige Empfänger oder gehört es, gegebenenfalls versehen mit einer Anmerkung von Ihnen, einem anderen Adressaten, an den Sie es weiterleiten? Falls ja: Verfahren Sie entsprechend. **… oder weiterleiten …**
- Können Sie die Aufgabe in maximal fünf Minuten bewältigen? Falls ja: Dann erledigen Sie diese sofort. Das Verwalten einer Aufgabe darf schließlich nicht länger dauern als die reine Erledigung dieser Aufgabe. Wenn Sie mal unsicher sind, ob Sie eine Aufgabe erledigen oder terminieren sollen, entscheiden Sie sich am besten für das Erledigen. Dann sparen Sie sich das Terminieren bzw. das Führen eines To-do-Punktes. Zudem beugen Sie vor, dass diese Aufgabe zu einer mentalen Belastung wird. Denn Sie wissen ja: Nur die Arbeit ist lästig, die noch nicht getan wurde. **… erledigen …**
- Geht es um eine Terminsache, die an einem bestimmten Tag wichtig ist? Falls ja: Stellen Sie die Unterlagen in die Wiedervorlage. **… oder terminieren …**
- Ist es etwas, was Sie lesen wollen, wenn Sie mal Zeit haben? Falls ja, gehört es in die »Lesen«-Box (›S. 138). **… in die »Lesen«-Box …**
- Handelt sich um Material, das zu einem bestimmten Projekt gehört, irgendwann einmal relevant werden kann oder das Sie auch unabhängig von bestimmten Projekten aufbewahren wollen? Falls ja: Sie legen es entsprechend ab (Aktive Projekte, ›S. 149, »Warten auf«, ›S. 149, »Vielleicht/Irgendwann«, ›S. 149, projektunabhängiges Referenzmaterial, ›S. 151). Der Posteingang dürfte nun leer sein. **… oder zu den Projekten**

Für die drei zuletzt genannten Punkte gilt: Stoßen Sie auf Papiere, die nicht in eine bereits vorhandene Mappe kommen, legen Sie eine Mappe an (Prinzip der Sofort-Ordnung, ›S. 121).

Nichts zurücklegen

Wichtig: Ein Blatt, das Sie dem Posteingang entnommen haben, legen Sie nicht zurück. Sonst bilden sich wieder stressende Stapel und Sie werden Zeit verlieren:

- Sie müssen die Unterlagen später erneut durchsehen.
- Sie müssen, wenn Sie das Dokument plötzlich brauchen, danach suchen.

Platz für Unterlagen, die Sie »irgendwann« lesen möchten

Wahrscheinlich sind auch in Ihrem Posteingang so gut wie jeden Tag mehr Informationen, als Sie verarbeiten können. Dazu gehören zum Beispiel Prospekte, die Ihnen unaufgefordert zugehen und interessant sind, Kundenzeitschriften und Ähnliches.

Stapel haben keine Grenze

Häufig werden diese Unterlagen einfach in einer Ecke des Schreibtisches gestapelt. Dies ist nicht besonders sinnvoll, denn Stapel lenken nicht nur ab, sondern sie haben nach oben hin keine Grenze, können also wachsen, wachsen, wachsen.

»Lesen«-Box

Auch hier können Sie eine Lösung schaffen, indem Sie das Prinzip der bewussten Reduktion anwenden (›S. 130f.): Legen Sie sich eine »Lesen«-Box zu.

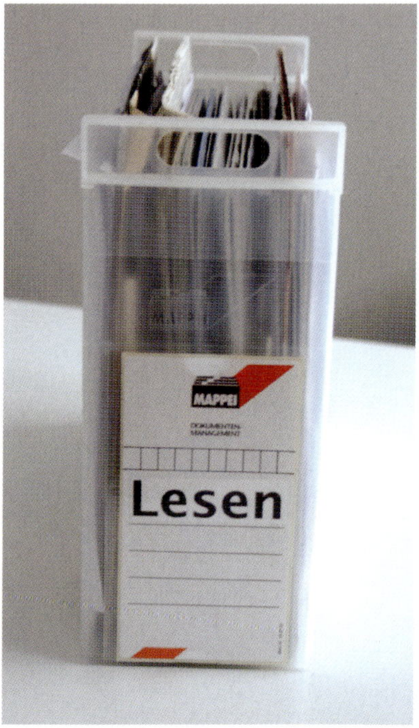

Die Box können Sie zum Beispiel im Sideboard aufbewahren. Die Tiefe der Box bestimmt den maximalen Umfang des Lesestoffes. Für Zugfahrten oder Wartezeiten können Sie einige Unterlagen mitnehmen. Was Sie verarbeitet haben, werfen Sie weg oder legen Sie ab.

Keine zweite Box anlegen

Wichtig: Ist die Box voll, legen Sie keine zweite an. Machen Sie sich bewusst, dass schon die Bearbeitung des vorliegenden Box-Inhalts viele Stunden in Anspruch nimmt. Weil Sie diese Zeit nie haben werden, können Sie so viele alte Papiere wegwerfen, bis Sie wieder Platz für das neu zugegangene Material haben.

Auch die Grundidee für diesen sowie für den nächsten Tipp verdanke ich dem Experten für Büroeffizienz Jürgen Kurz (www.für-immer-aufgeräumt.de).

Vorgänge, die eine sehr kurze Verweildauer haben

Bei manchen Vorgängen ist nicht klar, ob es sich lohnt, eine dauerhafte Ordnungsmappe anzulegen. In diesen Fällen wird meist zu einer wiederverwendbaren Aktionsmappe gegriffen (›S. 89).

Wenn sich das Anlegen einer Aktionsmappe nicht lohnt

Es gibt aber auch Vorgänge, die sind so kurzfristiger Natur, dass sich selbst das Anlegen einer Aktionsmappe nicht lohnt. Das betrifft zum Beispiel eine Telefonnotiz, die Sie in Ihrem Posteingang finden – wenn Sie anrufen und es ist besetzt, werden Sie für die Notiz keine eigene Mappe anlegen. Das betrifft auch die Bitte einer Kollegin, einen Vertrag heute noch gegenzulesen, den sie Ihnen ohne Mappe reinreicht, sowie andere Wünsche, die Sie schlecht abschlagen können. Wie sollen Sie in diesen Fällen die Schreibtischplatte frei halten, Stapel vermeiden und zugleich die aktuelle Aufgabe zu Ende bringen, an der Sie gerade sitzen?

Mögliche Lösung

Bei mir besteht die Lösung darin, dass ich zehn rote PRESTIGE-Mappen (›S. 88) mit schmalen Folienreitern beschriftet (›S. 94) und in eine Box gestellt habe. Sie können freilich auch mehr Mappen anlegen. Die Box steht gut zugänglich auf dem Sideboard.

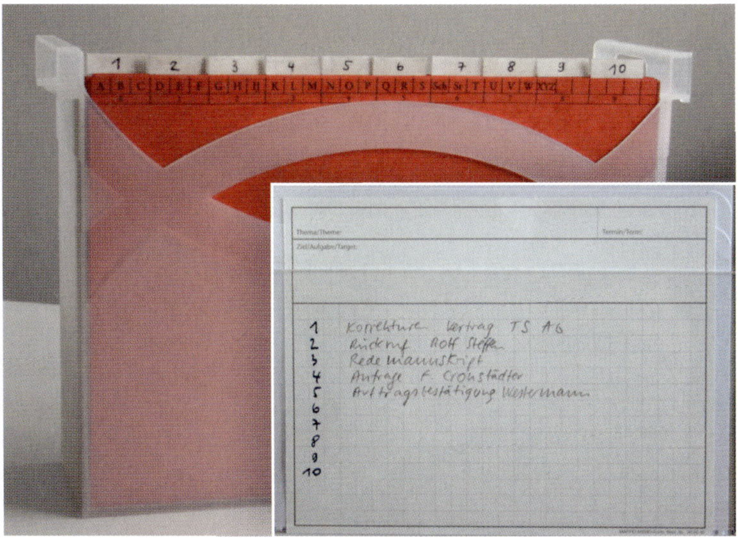

Wichtig: das Inhaltsverzeichnis

Wichtig ist ein Inhaltsverzeichnis – damit nichts in den Mappen verschwindet und in Vergessenheit gerät. Im hier gezeigten Fall wird es mit Bleistift geführt und im Organizer ganz vorn eingestellt.

Aufbewahrung häufig benötigter Utensilien

Material in Griffnähe aufbewahren

Sie sollten es sich selbst möglichst leicht machen, die MAPPEI-Methode konsequent anzuwenden. Dazu gehört, dass Sie häufig benötigte Mappen und Reiter in Griffnähe aufbewahren. Wenn Sie beim Anlegen einer neuen Mappe jedes Mal erst aufstehen müssen, kann das schon zu Hemmungen führen, die das Prinzip der Sofort-Ordnung gefährden (›S. 121f.).

In Box oder Schublade

Eine Möglichkeit besteht darin, eine sinnvolle Menge der Utensilien in einer Box unterzubringen oder – wie im Foto zu sehen – in einer flachen Rollcontainer-Schublade zu lagern.

Weitere Herausforderungen

So weit zu den Tipps. Die in diesem Kapitel benannten Themen dürften für viele Arbeitsplätze von Bedeutung sein. Je nachdem, welche Aufgaben Sie zu bewältigen haben, kann es weitere Herausforderungen geben, für die Sie sich eine Lösung wünschen.

Vielleicht wollen Sie

- eine gut funktionierende Wiedervorlage nutzen,
- die Ablage laufender Projekte organisieren,
- sich Überblick über Ihre Ziele verschaffen und behalten.

Welche Möglichkeiten und Ideen es hierzu gibt, erfahren Sie in den folgenden Kapiteln.

Kapitel 3
Nutzen Sie eine funktionstüchtige Wiedervorlage

Beispiele für Terminsachen

Manche Akten bzw. Vorgänge müssen zu einem bestimmten Termin vorliegen. Das betrifft zum Beispiel:

- Angebote, bei denen Sie nachfassen wollen
- Die Einladung zu einer Veranstaltung in einigen Wochen
- Die Reservierungsbestätigung des Hotels für Ihre Geschäftsreise
- Eine Rechnung, die an einem bestimmten Tag überwiesen werden soll
- Den Zeitplan mit Inhalten einer Telefonkonferenz am kommenden Mittwoch
- Die Idee, für Ihren Mitarbeiter, der ein Jubiläum hat, ein Geschenk zu besorgen
- Terminierte To-do-Punkte jeglicher Art

Manche verteilen die Papiere auf dem Tisch

Was können Sie nun tun, um nichts zu vergessen und alle Unterlagen im richtigen Moment zur Hand zu haben? Manche lösen es so, dass sie die Papiere auf dem Tisch verteilen, damit sie im Blick sind. Besonders praktisch ist dieses Vorgehen nicht, vor allem dann, wenn Ihr Aufgabenbereich ziemlich viele dieser termingebundenen Vorgänge mit sich bringt. Wenn Sie die Prinzipien der Sofort-Ordnung (›S. 121f.) sowie der Stapellosigkeit (›S. 123ff.) praktizieren, kommt diese Idee ohnehin nicht mehr infrage.

Ein verbreitetes Hilfsmittel, um eine Wiedervorlage zu ermöglichen, ist der Pultordner. Wie er aussieht, zeigt die nächste Seite.

Wiedervorlage per Pultordner

Ein wichtiger Nachteil

Der Nachteil von Pultordnern besteht darin, dass Sie einliegende Dokumente nicht gleich finden. Das ist vor allem bei unvorhergesehenen Nachfragen problematisch. Denn Sie müssten sich zum Beispiel merken, in welchen Tag des Pultordners Sie ein bestimmtes Angebot eingelegt haben. Eine Wiedervorlage sollte aber gerade den Zweck erfüllen, Ihr Gedächtnis zu entlasten.

Mit den Organisationsmitteln von MAPPEI ist der Aufbau einer brauchbareren Alternative möglich. Für eine Wiedervorlage benötigen Sie 31 Elemente für die Tage sowie 12 Elemente für die Monate. Durch die Reiter »Januar« bis »Dezember« sowie »1« bis »31« werden die Vorgänge und Aufgaben nach Terminen gegliedert. Der laufende Monat steht immer vorne, gefolgt vom aktuellen Tag.

So funktioniert es mit MAPPEI

Es funktioniert so: Jeden termingebundenen Vorgang ordnen Sie in die Wiedervorlage ein – hinter den Reiter des entsprechenden Tages. Haben Sie beispielsweise ein Angebot an einen potenziellen Kunden geschickt und wollen Sie am 11. nachhaken, stellen Sie die Mappe mit dem Angebot hinter die 11. Nun kann es sein, dass sich der Kunde unvorhergesehen schon vorher bei Ihnen meldet, sagen wir am 7. Das ist kein Problem, denn bei der Wiedervorlage von MAPPEI sind Ihre Vorgänge immer im direkten Zugriff, schließlich sind die Beschriftungen der Mappen jederzeit sichtbar. Sie überfliegen einfach die Reiter der entsprechenden Farbe an der entsprechenden Position des Alphabets und haben die gewünschte Mappe innerhalb weniger Sekunden zur Hand.

Zwei Möglichkeiten

Es gibt zwei Möglichkeiten, mit denen Sie mittels MAPPEI eine Wiedervorlage realisieren können:

- Auf der Basis transparenter Kunststoffmappen
- Auf der Basis von Leitkarten

Wiedervorlage auf Basis transparenter Kunststoffmappen

Mappen einstellen, Zettel einlegen

In Sets mit transparenten Mappen aus Kunststoff (39 40 15, 39 40 50 bzw. 39 40 27) können Sie Mappen einstellen sowie einzelne Schriftstücke einlegen, die keine eigene Mappe haben.

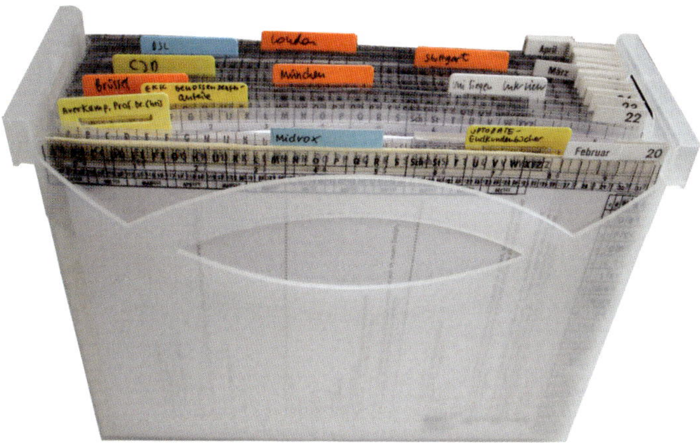

Vor- und Nachteile

Es gibt Vor- und Nachteile:

- *Vorteile:* Arbeiten Sie viel mit Zetteln, bleibt Ihre Wiedervorlage schlank. Die Unterlagen befinden sich dort, wo sie inhaltlich hingehören. Sie sind damit auch Kollegen ohne Umstände zugänglich.
- *Nachteil:* Sie müssen die Mappen mit den Unterlagen vor dem Bearbeiten ggf. erst heraussuchen.

Die Monatsmappen

Was Sie mehr als 30 bzw. 31 Tage im Voraus terminieren wollen, ohne eine eigene Mappe anzulegen, stecken Sie in die entsprechende Monatsmappe. Am Monatsende nehmen Sie die folgende Monatsmappe zur Hand und verteilen den Inhalt auf die zugehörigen Tagesmappen. Das geht schneller, wenn Sie auf allen Dokumenten in der Ecke rechts oben das Wiedervorlagedatum notiert haben. Die Mappe des abgelaufenen Monats stellen Sie hinten wieder ein. Automatisch steht die Mappe des folgenden Monats vorne, dahinter stehen alle Tagesterminmappen: Das System rolliert.

Die Tagesmappen

Am Ende eines Tages nehmen Sie die geleerte Tagesmappe und stellen sie hinter die des Vortags im Folgemonat. Automatisch steht für den nächsten Tag die aktuelle Tagesmappe vorne.

Wiedervorlage auf Basis von Leitkarten

Bei der leitkartenbasierten Wiedervorlage (39 40 11) werden ausschließlich Mappen eingestellt. Das Einlegen von Zetteln ohne Mappe ist nicht möglich.

Wiedervorlagesystem mit Leitkarten

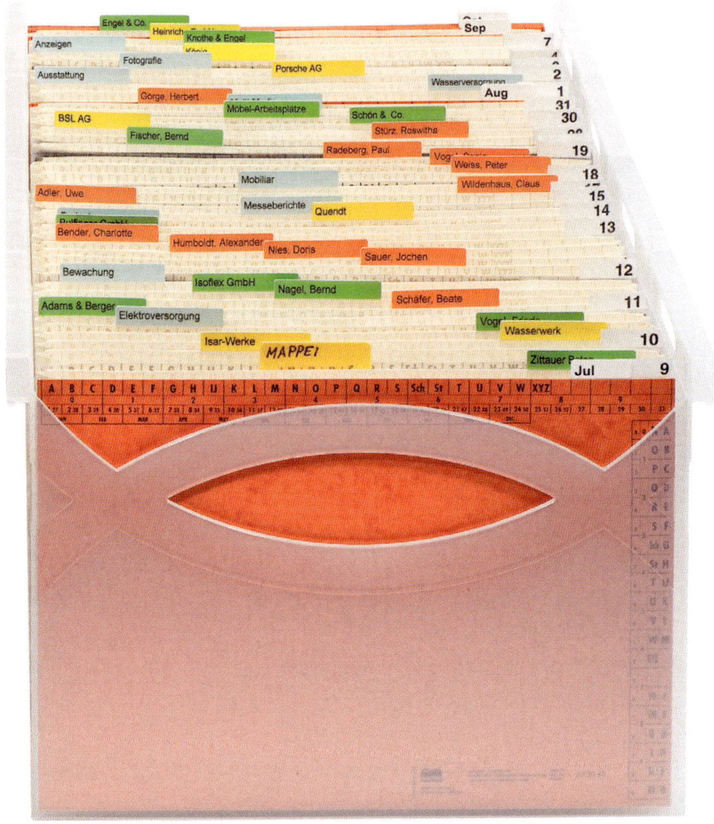

Leitkarten für die Tage und für die Monate

Für jeden Tag sowie für jeden Monat gibt es eine Leitkarte. Dahinter stellen Sie alle Mappen ab, die am jeweiligen Tag bearbeitet werden. Damit stehen alle zu einem bestimmten Termin fälligen Vorgänge kompakt beieinander. Die Vorgänge wandern im Laufe der Zeit automatisch nach vorn.

Benötigen Sie zu einem späteren Termin eine bestimmte Mappe, dann stellen Sie diese Mappe hinter die entsprechende Tages-Leitkarte. Was Sie mehr als 30 bzw. 31 Tage im Voraus terminieren wollen, stellen Sie hinter die entsprechende Monats-Leitkarte.

Zum Monatsbeginn sehen Sie diese Mappen und stellen sie entsprechend zu den passenden Tagen.

Haben Sie die Mappe an dem entsprechenden Termin bearbeitet, kommt sie nicht wieder in die Wiedervorlage, sondern an ihren normalen Ablageplatz.

Vor- und Nachteile

Auch hier gibt es Vor- und Nachteile:

- *Vorteile:* Sie haben zum Termin alles sofort zur Hand. Zudem gewinnen Sie auf einen Blick einen Eindruck davon, wie voll die kommenden Tage schon sind. Außerdem: Wer eine Akte sucht, muss maximal an zwei Stellen nachsehen, bis er sie in die Hand nehmen kann (in der Wiedervorlage sowie an ihrem eigentlichen Platz).
- *Nachteil:* Bei vielen abgestellten Vorgängen wächst die Wiedervorlage stark an.

Den Tag planen

Die leitkartenbasierte Wiedervorlage kann sinnvoll sein, wenn Sie sie dazu nutzen, um Ihren Tag zu planen. Mit einem Blick sehen Sie grob, wie viel Freiraum Sie noch haben. Das ist beispielsweise für einen Finanzberater sinnvoll, der die Mappen für seine nächsten Kundenbesuche in die Wiedervorlage stellt.

Wirkungen der Wiedervorlage

Egal, für welche Lösung Sie sich entscheiden – mit folgenden Wirkungen können Sie rechnen:

- Sie vergessen keine Terminsachen mehr.
- Es geraten nur diejenigen Dokumente und Aufgaben in Ihr Blickfeld, die Sie heute brauchen.
- Ihre Abwesenheitsvertretung findet sich schnell zurecht.
- Die Wiedervorlage hilft Ihnen dabei, genaue Termine festzulegen. »So schnell wie möglich« funktioniert nicht.

Vorgänge wirklich abarbeiten

Wichtig ist allerdings, dass die Dokumente des aktuellen Tages auch wirklich abgearbeitet werden. Wird ein Wiedervorlagesystem immer dicker, weil Sie es zum Aufschieben benutzen, missbrauchen Sie es. Und noch ein Tipp zum Schluss: Gehen Sie schon am Vorabend den nächsten Tag durch. Falls Sie für die Tagesaufgaben auf Ihrem Schreibtisch eine Ordnungsbox verwenden, stellen Sie die Mappen für den kommenden Tag dort hinein.

Kapitel 4
Differenzieren Sie Ihre Ablage bei Bedarf

Im Prinzip wissen Sie schon alles, was es zum Thema Ablage zu sagen gibt:

- Für jeden Vorgang legen Sie eine Mappe an.
- Sie wählen einen Reiter mit der Farbe, die zum Sachgebiet bzw. Funktionsbereich des Vorgangs gehört.
- Sie beschriften den Reiter mit der Bezeichnung des Inhalts und kleben ihn an die Mappe.
- Die Mappe stellen Sie in das zugehörige Sachgebiet, das durch eine entsprechende Leitkarte gekennzeichnet ist.

Was die drei zuerst genannten Punkte angeht, ist auch nichts hinzuzufügen. Doch beim letzten Punkt kann es für Sie sinnvoll sein, über eine Differenzierung nachzudenken.

Häufigkeit des Zugriffs

Beispielsweise gibt es Ordnungsmappen, die Sie relativ häufig benötigen, während Sie auf andere Mappen in der Regel nur sehr selten zugreifen:

- Mappen, auf die Sie oft zugreifen, sollten Sie in Griffnähe aufbewahren. Gute Orte dafür sind Rollcontainer, Sideboards sowie Akten-Caddys und Akten-Trolleys.
- Mappen mit einer geringen Rückgriffrate können dagegen in einen Büroschrank, der sich nicht in Ihrem Büro befinden muss – im Büro bewahren Sie am besten nur die Papiere und Gegenstände auf, die Ihnen im Alltag dabei helfen, Ihren Zielen näher zu kommen. Akten, die nur sehr selten benötigt werden, gehören nicht unbedingt dazu.

Generell gilt:

Je häufiger Sie eine Akte benötigen und je aktueller sie ist, desto näher am Arbeitsplatz bewahren Sie diese Akte auf.

Unterteilung nach Prozessphasen

Neben dieser räumlichen Aufgliederung der Akten gibt es weitere Möglichkeiten der Differenzierung. Eine davon besteht darin, das Sachgebiet mit Bezug auf die Prozessphasen zu unterteilen. Was damit gemeint ist, zeigt das folgende Beispiel.

Beispiel: Verkaufsteam

Nehmen wir an, ein Unternehmen bekommt Anfragen und das Verkaufsteam arbeitet individuelle Angebote aus. Die Unterlagen zu diesen Angeboten werden in Ordnungsmappen abgelegt, wobei jedes Angebot eine eigene Mappe bekommt. Diese Mappen werden nun in eine Ordnungsbox gestellt:

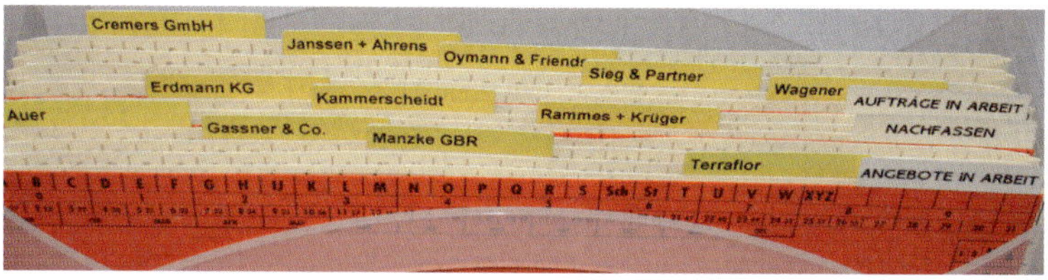

Die Akten wandern

Innerhalb des Sachgebiets »Verkauf« wandern die Akten nun von einer Bearbeitungsphase zur nächsten:

- Während der Phase, in der das Angebot erarbeitet wird, steht die Mappe hinter der Leitkarte *»Angebote in Arbeit«*.
- Wurde das Angebot an den potenziellen Kunden geschickt, kommt es hinter die Leitkarte *»Nachfassen«*. Erfahrungsgemäß antwortet nicht jedes Unternehmen, das ein Angebot bekommen hat. Durch die Leitkarte ist klar, bei welchen Firmen nachgehakt wird.
- Wird aus dem Angebot ein Auftrag, wandert die Mappe hinter die Leitkarte *»Aufträge in Arbeit«*.
- Ist der Auftrag schließlich erledigt, wird die Mappe archiviert.

Gemeinsame Ablage

Bewahren die Mitarbeiter des Verkaufs die Boxen an einem zentralen und für alle gut zugänglichen Ort auf und haben sie entsprechende Absprachen getroffen, dann können sie sich untereinander aushelfen und auch Anfragen beantworten, die ein Kollege bearbeitet hat, der gerade nicht anwesend ist.

Die Ablagestruktur muss passend sein

Was die Differenzierung der Ablage angeht, so gibt es kein »Richtig oder Falsch«, sondern eher ein »Angemessen oder Unangemessen«. Entscheidend ist, dass die Ablagestruktur zu Ihnen passt und sie dabei unterstützt, Ihre Aufgaben möglichst stressfrei zu bewältigen.

»Getting Things Done«

Eine Methode, die explizit darauf abzielt, produktiver und zugleich stressfreier zu arbeiten, ist das GTD-System des US-Amerikaners David Allen. GTD steht für »Getting Things Done« und ist zugleich der Titel des Grundlagenbuchs von David Allen.

Unpräzise Übersetzung

Im Jahre 2004 brachte der Piper Verlag die deutsche Übersetzung des Buchs unter dem Titel »Wie ich die Dinge geregelt kriege« auf den deutschen Markt. Spätestens seit dieser Veröffentlichung hat Allen auch im deutschsprachigen Raum viele Fans gewonnen. Allerdings stolperten manche Leser darüber, dass im Buch von »Ordnern« die Rede ist. Wer hier an Hebelordner denkt, geht in die Irre, denn im Original heißt es »Files«, was besser mit »Einstellmappen« übersetzt worden wäre.

Die Organisationsmittel von MAPPEI sind ideal dazu geeignet, Allens Ideen umzusetzen. Hier ist nicht der Platz, um die GTD-Idee zu beschreiben. Wer sie kennenlernen möchte, findet in Büchern sowie im Internet genügend Material (›S. 223). An dieser Stelle nur so viel: GTD hilft dabei, den Überblick über die potenziellen und laufenden Projekte und Aufgaben zu behalten. Dies funktioniert über Listen, die von Hand oder per Software geführt und wöchentlich durchgesehen werden.

Differenzieren der Ablage

GTD stellt eine Struktur zur Verfügung, mit der Sie die Ablage weiter differenzieren können:

- »Aktive Projekte«
- »Warten auf«
- »Vielleicht/Irgendwann«
- »Next Actions«
- »Referenzmaterial«

Die einzelnen Rubriken können Sie mittels Leitkarten unterteilen, die Sie entsprechend beschriftet haben. Die Leitkarten sowie die zugehörigen Mappen stellen Sie in eine Box. Auf diese Weise nutzen Sie den Platzbedarf einer Ordnungsbox immer voll aus.

»Aktive Projekte«

Für Allen ist alles ein Projekt, was mehr als einen einzigen Schritt umfasst. Sobald Material anfällt, legen Sie für dieses Projekt eine Ordnungsmappe an. Handelt es sich um ein Projekt, um dessen Realisierung Sie aktiv bemüht sind, kommt die Mappe in die Rubrik »Aktive Projekte«.

»Aktive Projekte«

»Warten auf«

Bei manchen Projekten haben Sie etwas angestoßen und warten nun auf eine Reaktion. Es handelt sich um Aufgaben, bei denen Sie nichts weiter tun können, bevor nicht jemand anderes seinen Beitrag geleistet hat.

»Warten auf«

Entweder stellen Sie solche Mappen konsequent in die Wiedervorlage. Oder Sie legen die Rubrik »Warten auf« an und stellen die Mappen dort ein. Dort geraten sie beim wöchentlichen Durchsehen in den Blick.

Statt sie mit einer Leitkarte abzugrenzen, können Sie für diese Rubrik auch eine eigene Ordnungsbox anlegen. Vorteil: Die Zahl der Projekte, bei denen Sie auf eine Reaktion oder eine Zuarbeit warten, ist begrenzt. Spätestens wenn die Box voll ist, ist es an der Zeit, systematisch nachzuhaken. Hier können Sie wieder vom Prinzip der bewussten Reduktion profitieren (›S. 130f.).

Eigene Ordnungsbox

»Vielleicht/Irgendwann«

Bei vielen Ideen wissen Sie noch nicht, ob daraus ein Projekt wird. Möglicherweise ist noch unklar, ob die Idee relevant genug ist. Vielleicht fehlen Ihnen auch noch entscheidende Informationen. Oder die Zeit ist noch nicht reif. Für jede Idee können Sie eine eigene Mappe anlegen, in der Sie Unterlagen sammeln, die Ihnen zu dieser Idee künftig zugehen. Die Mappe kommt in die Rubrik »Vielleicht/Irgendwann«. Diese Rubrik ist so etwas wie ein Inkubator für Ihre Ideen. Wenn Sie sich eines Tages entscheiden, aus einer Idee ein Projekt zu machen, wandert die Mappe in die Rubrik »Aktive Projekte«.

Inkubator für Ihre Ideen

Die Ablage begrenzen

Manche Menschen haben sehr viele Ideen. Halten sie jede Idee fest und legen sie die zugehörigen Unterlagen in der Rubrik »Vielleicht/Irgendwann« ab, ufert diese Rubrik schnell aus. Dann ist es sinnvoll, wie schon bei »Warten auf« eine eigene Ordnungsbox anzulegen. Vielleicht reicht eine einzige Box nicht aus. Wie viele Boxen sinnvoll sind, müssen Sie selbst entscheiden. Wichtig ist nur, dass Sie den Raum begrenzen und wieder das Prinzip der bewussten Reduktion anwenden: Sind die Boxen voll, trennen Sie sich von Ideen, die sich als nicht relevant herausgestellt haben. Damit stellen Sie sicher, dass Sie sich nicht verzetteln.

Möglicherweise handhaben Sie es so, dass Sie die Boxen für die Mappen der Rubriken »Aktive Projekte«, »Warten auf«, »Vielleicht/Irgendwann« in einen Rollcontainer stellen und den Platz dieses Rollcontainers als Begrenzung nutzen.

GTD-Ablage im Rollcontainer

Sie könnten die Boxen auch gemeinsam im Team pflegen. Das kann sehr interessante Effekte zur Folge haben.

»Next Actions«

Sind Sie es selbst, die den nächsten Schritt erledigen muss, kommt die Projektmappe in die Rubrik »Next Actions«.

»Next Action«

Eine »Next Action« besteht oft nur darin, jemanden anzurufen oder etwas zu besorgen. In die »Next Actions«-Rubrik können Sie daher sinnvollerweise Mappen mit folgenden Beschriftungen einordnen:

- Anrufen/Anschreiben
- Besorgen

Falls Sie mit einer Wiedervorlage arbeiten, können Sie diese Mappen auch dort einstellen, am besten ganz vorne. Eine weitere Alternative wäre, die »Next Actions« in einer Acrylglas-Box auf dem Schreibtisch aufzubewahren.

»Next Actions« in Wiedervorlage

Wenn Sie jemanden mit Bezug auf eine Projektmappe anrufen wollen, stellen Sie sie hinter die »Anrufen/Anschreiben«-Mappe. Stammt die »Next Action« aus Ihrem Notizbuch, in dem Sie beispielsweise einen Tipp für ein gutes Buch festhielten, können Sie den Zettel in die Mappe »Besorgen« legen.

»Referenzmaterial«

Zum Referenzmaterial zählen unterstützende Unterlagen, die weder zu einem der vorhandenen Projekte gehören, noch in die Rubrik »Vielleicht/Irgendwann« fallen. Warum sollen Sie dieses Material in einer eigenen Rubrik aufbewahren? Weil es – anders als bei den Mappen in allen anderen Rubriken – nicht notwendig ist, diese Akten regelmäßig durchzusehen. Sie bekommen die Unterlagen nur dann ins Blickfeld, wenn Sie sie tatsächlich brauchen. Da es nur vergleichsweise selten benötigt wird, bewahren Sie das Referenzmaterial am besten außer Sichtweite auf.

»Referenzmaterial«

Beispielsweise gibt es in meinem Büro Herstellermuster für Einbandmaterial, das Kapital- und Zeichenband, Vorsatzpapier und sonstige Papiere. Diese Muster werden nur dann benötigt, wenn Abstimmungen mit der Druckerei für ein neues Buch anstehen. Die Muster werden als Referenzmaterial in einem Regal des Büroflurs aufbewahrt. An den wenigen Tagen im Jahr, an denen sie benötigt werden, sind sie rasch zur Hand. Im Bürozimmer blockieren sie keinen Platz und ziehen keine Aufmerksamkeit auf sich.

Beispiel: selten benötigte Muster

Kapitel 5
Nutzen Sie MAPPEI für Ihr Zielmanagement

Horizontale Dimension

Wenn Sie auf die Mappen mit Ihren aktuellen Projekten und Verpflichtungen schauen, dann sehen Sie, in welche Zusammenhänge Sie im Moment involviert sind. Wenn man so will, kann man diese Zusammenhänge als die *horizontale* Dimension Ihres Handelns bezeichnen.

Vertikale Dimension

Ergänzend dazu ist die *vertikale* Dimension interessant. Es geht dabei um die Frage, welche grundlegenderen Ziele, welche Vision, welche Prinzipien Sie letztlich mit Ihrem Handeln verwirklichen. Die Organisationsmittel von MAPPEI eignen sich gut dazu, sich auch über diese Aspekte Klarheit zu verschaffen.

Sie erfahren in diesem Kapitel, welches Vorgehen sich bei mir bewährt hat. Allerdings wollen diese Seiten nicht sagen: »Machen Sie es ganz genauso, dann werden Sie zwangsläufig Erfolg haben.« Die Situationen der Menschen unterscheiden sich dafür zu sehr, als dass dies funktionieren könnte. Es geht hier also vor allem um Anregungen zum Klarwerden über persönliche Ziele. Sie werden bei Interesse ohnehin nicht darum herumkommen, die Umsetzung der Ideen zu testen und für sich weiterzuentwickeln.

Die Organisationsmittel

Die wichtigsten Organisationsmittel dieses Kapitels sind:

- *Memoblätter* (›S. 109) – auf ihnen werden die Ziele notiert.
- *Memory-Boards* (›S. 109) – sie nehmen die Memoblätter auf.
- *Organizer* (›S. 108f.) – hier werden die Memory-Boards eingestellt. Sie passen aber auch in Standard-Ordnungsboxen.

Mit den Memoblättern und den Memory-Boards stehen Hilfen zur Verfügung, die genug Flexibilität ermöglichen, um auf Chancen oder Hemmnisse zu reagieren. Diese Instrumente ermöglichen es, berufliche sowie private Aufgaben (To-do-Punkte) und Ziele rasch zu erfassen und deren Verwirklichung zu steuern. Zwar glaube ich nicht, dass sich das Leben durchgängig gemäß der eigenen Ziele entfaltet. Andererseits hilft komplette Planlosigkeit auch nicht weiter. Denn wer keine eigenen Ziele verfolgt, der lässt sich – zunächst oft unbewusst – vor den Karren anderer spannen.

Aufgaben und Ziele erfassen und steuern

Folgende Unterscheidung hat sich in meinem Fall bewährt:

Vier Zielkategorien

- Langfristziele
- Jahresabschnittsziele
- Wochenziele
- Tagesziele

Für jede Zielkategorie habe ich ein eigenes Memory-Board angelegt und mit einem entsprechenden Reiter beschriftet (außer bei den Jahresabschnittszielen, dort gibt es vier). Die Memory-Boards sind geschuppt konstruiert: Steckt ein Memoblatt in einer Tasche, ist die obere Beschriftungszeile gut lesbar. Auch wenn mehrere Memoblätter auf einem Board stecken (maximal 20), lassen sie sich schnell mit dem Auge erfassen.

Langfristziele

Bei einem Unternehmen geht es auf dieser Ebene um strategische Ziele. Sie sind grundsätzlicher Natur. Doch auch wer nicht als Führungskraft mit Strategiefragen zu tun hat, kann sich über Langfristziele Gedanken machen: Wohin möchte ich mich beruflich entwickeln? Was ist mir im Leben letztlich wichtig? Welche Werte steuern mein Handeln, und woran kann am Ende meines Lebens ersichtlich sein, dass mir diese Werte wichtig waren?

Was ist letztlich wichtig?

Das klingt abstrakter, als es ist. Denn letztlich nimmt jeder Mensch verschiedene Rollen ein und ist in Beziehungsgeflechte und Verantwortungen eingebunden. Diese sind bereits Ausdruck der eigenen Werthaltungen. Für die wichtigsten Rollen und Verantwortungen habe ich daher je ein Memoblatt angelegt. Auf diesem habe ich notiert, was ich langfristig erreichen möchte.

Je ein Memoblatt

Beispiel: »Finanzen«

Viele Langfristziele ergeben sich dabei aus der Lebenssituation. Beispielsweise gibt es bei meinen Langfristzielen ein Memoblatt »Finanzen«. Dort stehen Langfristziele, die mit Blick auf die Altersvorsorge wichtig sind, die die kommenden Kosten im Rahmen der Ausbildung unseres Nachwuchses betreffen, die die Hausfinanzierung angehen und so weiter.

Da ich nicht nur Ziele mit beruflichem oder finanziellem Bezug aufschreibe, verringert sich die Gefahr, in Phasen großer beruflicher Herausforderungen die persönliche Weiterentwicklung und die Lebensbalance aus dem Auge zu verlieren.

Jahresabschnittsziele

Das Jahr ist die zweite Zielkategorie. Ein Jahr bietet die Möglichkeit, für jede der Rollen und Verantwortungen etwas Substanzielles zu tun.

Überschaubare Abschnitte

Damit dies auch gelingt, unterteile ich das Jahr in mehrere Abschnitte – so wird es für mich überschaubarer. Diesen Abschnitten ordne ich Ziele zu, die ich dann auch innerhalb dieser Zeit erreichen möchte. Dabei handelt es sich einerseits um Projekte meines Büros, deren Abschluss in den Abschnitt fällt. Die Ziele sind aber auch privater Natur (Feste feiern, bestimmte Besuche machen sowie empfangen und so weiter). Sodann gibt es noch Ziele wie »Unterlagen für Steuererklärung aufbereiten«, die ebenfalls erledigt werden müssen und einem bestimmten Jahresabschnitt zugeordnet werden.

Eine kleine Auszeit nehmen

Was die Unterteilung des Jahres angeht, so erprobte ich zunächst eine Einteilung nach Kalenderquartalen. Dies habe ich aber wieder verworfen, da sie sich als zu starr erwiesen hat. Denn es ist sinnvoll, vor dem Beginn eines neuen Abschnitts eine kleine Auszeit zu nehmen. Beispielsweise lohnt es sich, die gewohnte Umgebung für ein Wochenende oder auch nur für einen Tag zu verlassen, um Abstand für das Nachdenken zu gewinnen und das eigene Leben mal von außen zu sehen.

Während dieser Auszeit gehe ich zunächst die Langfristziele durch: Sind noch alle aktuell? Kommt etwas dazu? Fällt etwas weg? Danach sehe ich mir die Ziele des vergangenen Abschnitts nochmals an: Was lief gut? Warum? Was hätte besser laufen können? Warum?

Bei Bedarf übertrage ich nicht erledigte Ziele auf den nächsten Jahresabschnitt. Unter Berücksichtigung der Langfristziele lege ich Ziele der zwei, drei nächsten Abschnitte fest und überarbeite bereits eingetragene Ziele. Die Vorhaben des unmittelbar vor mir liegenden Jahresabschnitts nehme ich in näheren Augenschein. In der Regel entstehen dabei viele gute Ideen.

Gute Struktur des Jahres

So eine Auszeit jeweils am Ende eines Quartals zu machen, war nicht praktikabel. Bei der Einteilung der Abschnitte orientiere ich mich inzwischen an Weihnachten, Ostern und den Sommerferien. Die kirchlichen Hochfeste geben dem Jahr eine gute Struktur.

Die Einteilungen sind nun so aus:

- Frühjahr (Ostern bis Sommerferien)
- Sommerferien
- Herbst (Sommerferien bis Weihnachten)
- Winter (Neujahr bis Ostern)

Da es in jedem dieser Abschnitte jeweils einige freie Tage gibt (Weihnachten/Neujahr, Karfreitag/Ostermontag, Sommerferien), muss ich nicht extra nach gesonderten Auszeit-Terminen suchen.

Wochenziele

Distanz zum Termindruck

Die Woche ist die Zielkategorie, in der sich die Notwendigkeiten des Tagesgeschäfts einordnen lassen, ohne die langfristigen Ziele aus den Augen zu verlieren: Der Blick auf die Woche schafft Distanz zum aktuellen Termindruck, denn er fällt auf überschaubare Aufgaben, die mich meinen langfristigen Zielen ein Stück näher bringen können.

Damit dies auch funktioniert, nehme ich mir einmal pro Woche etwas Zeit, um mir die Ziele des aktuellen Jahresabschnitts anzuschauen. Dafür eignet sich der Übergang zum Wochenende, also zum Beispiel der späte Freitagnachmittag. Wenn Sie GTD-Anwender sind, würden Sie diese Aufgaben im Rahmen Ihres Wochenüberblicks erledigen.

Memoblätter für das Wochen-Board

Alle Aufgaben, die ich in der kommenden Woche erledigen möchte, schreibe ich jetzt auf je ein Memoblatt und stecke sie in je eine Tasche des Wochen-Boards. Manchmal enthält auch das Memory-Board mit den Jahresabschnittszielen ein Memoblatt, das ich einfach in das Wochen-Board umstecken kann.

Das Einstecken in das Wochen-Board erfolgt in meinem Fall recht wahllos. Ich freue mich nämlich, wenn ich in der kommenden Woche jeden Tag ein bisschen Wahlfreiheit habe und entscheiden kann, welche der noch anstehenden Wochenaufgaben ich heute erledigen möchte. Wer es strukturierter mag, kann die Karten freilich auch nach Priorität anordnen.

Drei Vorteile

Der Einsatz eines Wochen-Boards bringt folgende Vorteile:

- Es liefert einen guten Überblick über die geplanten Aufgaben.
- Es hilft dabei, im täglichen Ansturm neuer Möglichkeiten und scheinbarer Notwendigkeiten den Blick auf die wichtigen Dinge – die letztlich aus den langfristigen Zielen abgeleitet sind – nicht zu verlieren. Dadurch kehrt Ruhe ein.
- Die ausgewählten Tagesaufgaben arbeite ich konsequenter ab, weil ich sehe, was noch ansteht: Würde ich meine Tagesaufgabe heute nicht erledigen, dann würden sich die anderen Aufgaben stauen.

Genug Flexibilität

Im Alltag ist es oft so, dass Unvorhergesehenes meine Aufmerksamkeit in Anspruch nimmt. Das ist okay. Die Arbeit mit den Karten lasst mir genug Flexibilität, eine bestimmte Aufgabe auch erst morgen oder übermorgen zum Abschluss zu bringen. An welchem Tag ich welche Karte realisiere, ist unwichtig. Entscheidend ist, dass ich sie überhaupt realisiere und nicht den Überblick verliere.

Tagesziele

Früher gab es das »Tagwerk«

Als die meisten Menschen noch davon lebten, Kühe zu melken und Felder zu pflügen, war klar, welche Arbeit im Laufe des Tages zu bewältigen war. Es gab das Tagwerk zu bearbeiten, also die Landfläche, die an einem Tag gepflügt werden konnte – von Sonnenaufgang bis Sonnenuntergang. Der Bauer musste spätestens dann mit der Arbeit aufhören, wenn nichts mehr zu sehen war.

Sinnvolle Grenzen setzen

Wer heute im Büro sein Geld verdient, der muss sein Tagwerk selbst definieren. Wer auf sinnvolle Begrenzungen verzichtet, steht in der Gefahr, kein Ende zu finden. Auch wer nicht zum Workaholic wird, kann abends unter Umständen schlecht einschlafen, weil er darüber nachgrübelt, ob er alles, was heute an wichtigen Aufgaben zu erledigen war, auch tatsächlich erledigt hat.

Zwei Plätze für Tagesaufgaben

Deshalb nutze ich ein Tages-Board, auf das ich die Karten der Aufgaben stecke, die ich heute auf jeden Fall erledigen möchte. Es hat sich dabei als sinnvoll erwiesen, die Plätze zu begrenzen, zum Beispiel auf zwei. Das ist in meinem Fall besonders sinnvoll, denn jahrelang neigte ich dazu, die Möglichkeiten eines Tages zu überschätzen – und mir viel zu viel vorzunehmen. Wenn ich dagegen jeden Tag zwei von insgesamt zehn Wochenzielen erreiche, habe ich nach fünf Tagen alle zehn Wochenziele erreicht und das ist eine gute Sache, die sich zugleich auch gut anfühlt.

Wie ich das Tages-Board nutze

Sie fragen sich, warum ich ein Memory-Board für den Tag nutze, wenn ich doch nur zwei der insgesamt 20 Taschen verwende? Es gibt mehrere gute Gründe: Erstens hilft es mir, nur auf zwei Aufgaben zu schauen und nicht durch viele andere Dinge abgelenkt zu werden, die auch noch alle wichtig sind. Und zweitens nutze ich ja einige der unteren Fächer – und zwar für

- die Aufgaben einschließlich Notizen, die unvorhergesehen hinzukommen und auch noch heute zu erledigen sind,
- das Inhaltsverzeichnis der Mappen mit Vorgängen, die eine sehr kurze Verweildauer haben (›S. 139),
- Informationen, die ich früher auf Haftnotizen am Rand des Bildschirms und an anderen Stellen platziert habe.

Zusammenspiel der Ziele

Das Zusammenspiel der vier Zielkategorien sieht so aus:

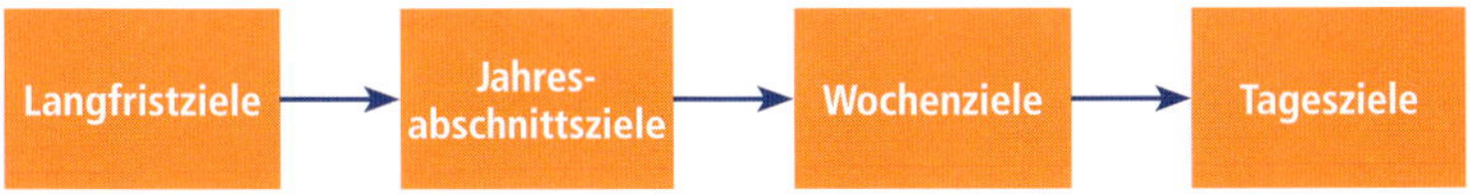

Wem das zu viel Planerei ist: Viele Menschen gehen intuitiv ohnehin so ähnlich vor. MAPPEI stellt Organisationsmittel zur Verfügung, die sich dazu nutzen lassen, die Intuition etwas zu kanalisieren, sie festzuhalten und zu durchdenken. Das kann sehr nützlich sein.

Kapitel 6
Vorteile im Archiv

Schaffen Sie Platz für neue Projekte

Wenn ein Projekt abgeschlossen ist bzw. ein Vorgang seine Aktualität verloren hat, werden die zugehörigen Mappen nicht mehr in der Nähe des Arbeitsplatzes benötigt. Sie machen Platz für die Unterlagen der nächsten Projekte, die jetzt aktuell sind, und geben die Mappen ins Archiv:

- Sie nehmen die Mappen des abgeschlossenen Projekts und stellen diese in die Archivschachtel (›S. 110f.), und zwar komplett, das heißt die Papiere samt Mappen und Reiter.
- Sie beschriften den Schachtelrücken mit dem Ordnungsbegriff sowie mit dem Datum, zu dem die Akten entsorgt werden können. Das Datum legen Sie fest unter Berücksichtigung der gesetzlichen Aufbewahrungsfrist sowie mit Blick auf Haftungsfragen bzw. betriebsinterne Erfordernisse.
- Sie schließen die Klappe, damit nichts herausfällt und kein Staub an die Papiere kommt.

Beispiel für archivierte Vorgänge

Damit das Archiv nicht mehr Platz beansprucht als unbedingt notwendig, können Sie die Archivierung rollierend gestalten (›S. 131).

Dieselbe Mappe, derselbe Reiter

Beim Archivieren wird ein weiterer Vorteil der MAPPEI-Methode bemerkbar: Im gesamten Lebenszyklus eines Vorgangs befinden sich die Unterlagen stets in derselben Mappe, die wiederum vom Eingang der Dokumente über alle Bearbeitungsphasen bis hin zur Lagerung im Archiv mit demselben Reiter gekennzeichnet ist. Durch die Auftrennung in einzelne Vorgänge entsteht zudem eine Flexibilität, die sich im Alltag auch im Archiv als nützlich erweist: Bei Bedarf sind die Mappen ohne Umstände wieder in die aktuelle Ablage integrierbar. Ob am Schreibtisch oder im Archiv: Die Dokumente folgen demselben Organisationssystem.

Arbeiten Sie mit Hebelordnern, fallen unter Umständen zusätzliche Arbeitsschritte an:

- umheften,
- zusammenfassen,
- Neusortieren.

Bei der Archivierung von abgeschlossenen Vorgängen, die sich jeweils in einer eigenen Ordnungsmappe befinden, sind diese Arbeiten nicht nötig, was die Bearbeitungskosten entsprechend reduziert.

Auch nach Jahren schnell zur Hand

Mit der eindeutigen Kennzeichnung geht auch die Sicherheit einher, dass Sie jeden Vorgang genau dort finden, wo er hingehört: Weil jede Mappe einen klar definierten Platz innerhalb der Organisation einnimmt, ergibt sich eine sachgerechte und übersichtliche Gliederung der Mappen. Diese Gliederung entsteht bei Anwendung des Aktensystemplans im Alltag fast nebenbei. Sie ermöglicht es, dass sich Mitarbeiter in der Aktenablage gezielt orientieren können, auch wenn sie die Mappen bestimmter Vorgänge nicht selbst angelegt haben und auch wenn ein schneller Rückgriff erst nach Jahren notwendig werden sollte.

Kapitel 7
Ordnung ohne Stress – Einblicke

3. April, 8.20 Uhr, Gummersbach, Büro

Start mit der wichtigsten Aufgabe

Während der Kaffee durch die Maschine läuft und das offene Fenster frische Luft in den Raum lässt, nehme ich mir die Mappe mit dem ersten Vorgang aus dem Stufenständer. Ich öffne sie, breite die Papiere auf meinem Schreibtisch aus, der ansonsten keine weiteren Unterlagen enthält. Das E-Mail-Programm lasse ich bewusst noch aus: Zunächst möchte ich mit der wichtigsten Aufgabe für heute ein Stück vorankommen, bevor ich mich durch die seit gestern Abend eingegangenen Mails ablenken lasse.

Unterbrechung durch ein Telefonat

Nachdem ich mir den Kaffee geholt und das Fenster wieder geschlossen habe, beginne ich, die Papiere zu bearbeiten. Nach etwa zehn Minuten unterbricht mich das Telefon. Ein potenzieller Geschäftspartner ist überraschend am Apparat und spricht einige Ideen an. Momentan stecke ich tief in der Fertigstellung eines Projekts, habe also den Kopf nicht frei, um über seine Ideen nachzudenken. Seine Vorschläge klingen aber interessant, was auch daran sichtbar wird, dass ich intensiv mitgeschrieben habe.

Einladung zum Essen

Da es nicht eilt, schlägt der Anrufer vor, mich in drei Monaten zum Essen einzuladen. Wenn ich daran Interesse habe, möge ich ihm gelegentlich einen Termin vorschlagen. Ich ergänze meine Notizen entsprechend und lege das Blatt in die Wiedervorlage – und zwar in die Monatsmappe »Juli«. Eine eigene Mappe lege ich nicht an, da dafür die Relevanzschwelle noch nicht überschritten wurde.

27. Juni, 11.35 Uhr, Gummersbach, Büro

Planung des nächsten Monats

Heute steht neben vielen anderen Aufgaben die Planung des Monats Juli auf dem Tagesprogramm. Ich nehme die »Juli«-Mappe aus der Wiedervorlage. Während ich die Inhalte der Mappe durchgehe, stoße ich auf den Zettel mit den Telefonnotizen. Ich entscheide nun, dass ich die Einladung annehmen möchte, und schlage per E-Mail drei Termine vor.

27. Juni, 14.10 Uhr, Gummersbach, Büro

Eine neue Mappe

Der Gesprächspartner bestätigt einen der Termine. In meinem Kalender mache ich eine entsprechende Eintragung. Zudem lege ich eine Ordnungsmappe an, auf dessen Reiter ich den Namen und Vornamen der Person notiere, die ich treffen werde. Da sich die Mappen und Reiter in Greifnähe befinden, dauert es nicht lange. Die Mappe stelle ich hinter die entsprechende Tagesmappe in die Wiedervorlage. Dort werden nun alle Fragen, Einfälle und Materialien hineinwandern, die mir bis zu unserem Treffen begegnen.

17. Juli, 12.55 Uhr, Hilton Cologne Hotel, Köln

Material aus der »Lesen«-Box

Auf der Reise per Bahn nach Köln lese ich einige Unterlagen, die ich mir aus der »Lesen«-Box mitgenommen habe. Was wichtig ist, behalte ich, den Rest werfe ich im Bahnhof in einen Mülleimer.

Rechtzeitig vor dem Aufbruch nach Köln hatte ich die Mappe für das Gespräch aus der Wiedervorlage genommen und sie mir durchgesehen. In manchen Fällen erstelle ich am Rechner einen Gesprächsleitfaden, der alle Stichpunkte enthält, die ich ansprechen möchte. Heute jedoch reicht eine etwas einfachere Variante: Ich werde einfach die Mappe mitnehmen und während des Gesprächs die einzelnen Zettel durchgehen.

17. Juli, 16.25 Uhr, Gummersbach, Büro

Wie es aussieht, führt das Gespräch zu einer Zusammenarbeit. Zurück im Büro lege ich eine entsprechende Leitkarte für dieses

Projekt an. Leitkarte und Mappe wandern anschließend in die Rubrik »Aktuelle Projekte«.

Sofort-Antwort auf eine Frage

Während ich Leitkarte und Mappe in die Box stelle, klingelt das Telefon. Der Anrufer hat eine Frage zu einem Projekt, an dem ich schon seit mehreren Wochen arbeite. Ich werfe einen Blick in die Rubrik »Aktuelle Projekte«. Anhand der Leitkarten finde ich im nächsten Augenblick die Leitkarte dieses Projekts. In den dahinterstehenden Mappen finde ich durch die alphabetische Positionierung des Reiters gleich, was ich brauche. Ich ziehe die Mappe heraus, öffne sie auf dem Schreibtisch, finde das Blatt, gebe Antwort. Als das Telefonat beendet ist, lege ich die Papiere wieder in die Mappe und stelle sie in das Projekt zurück.

Post und E-Mails

Während ich in Köln war, kam die Post. Heute sind es sieben Briefe. Zwei davon werfe ich nach kurzer Prüfung in die Papierkiste. Bei zwei weiteren muss ich im Moment nicht aktiv werden. Sie gehören zu laufenden Projekten, für die es bereits Mappen gibt, in die die Unterlagen hineingehören. Das Ablegen ist innerhalb von Sekunden erledigt. Die Post enthielt auch zwei Rechnungen. Nachdem ich sie auf Korrektheit geprüft habe, stecke ich sie je nach Fälligkeit in die zugehörigen Tagesmappen der Wiedervorlage. Das siebte Schreiben stammt von der Verwaltungsberufsgenossenschaft. Da die Bearbeitung mehr als fünf Minuten dauert und heute nicht mehr ins Programm passt, lege ich eine Aktionsmappe an, beschrifte sie und stelle sie in die Wiedervorlage: Am Freitagnachmittag werde ich mich der Sache dann widmen. Nachdem der Posteingang leer ist, öffne ich das E-Mail-Programm und bearbeite die 38 Mails, die seit heute Mittag eingegangen sind. Der größte Teil ist rasch erledigt. Da ich mich konzentriere, kann ich auch die drei Mails noch heute beantworten, die etwas mehr Zeit brauchen.

Klarschiff für den nächsten Tag

Inzwischen ist es Abend. Der Schreibtisch ist leer, der Posteingang ebenfalls, die Mailbox auch. Bevor ich das Büro verlasse, schaue ich die Mappen aus der Wiedervorlage für den nächsten Tag kurz durch und stecke sie in den Stufenständer. Die leere Tagesmappe von heute stelle ich in die Wiedervorlage hinten ein.

Für einen Moment schließe ich die Augen, freue mich darauf, den Abend zu genießen. Ja, und ich freue mich auch schon auf morgen – darauf, ein Projekt wieder ein gutes Stück voranzubringen.

Teil III

Von anderen lernen – Beispiele aus der Praxis

Auf den folgenden Seiten finden Sie sieben Beispiele aus der Praxis. Sie zeigen, wie Unternehmen und Einzelpersonen die Instrumente von MAPPEI nutzen, um ihren Umgang mit Papieren effizienter zu organisieren.

Die ausgewählten Beispiele dokumentieren unterschiedliche Anwendungen und geben Einblicke in Unternehmen verschiedener Branchen und Größenordnungen. Die Büroorganisation muss sich bei jedem der porträtierten Anwender anderen Anforderungen stellen. Beispielsweise legt ein Außendienstmitarbeiter besonderen Wert auf Flexibilität (›S. 168ff.), während gerichtlich bestellte Betreuer hohen Ansprüchen mit Blick auf die Dokumentation ihrer Arbeit gerecht werden müssen (›S. 174ff.). Im Falle der Nedschroef Plettenberg GmbH kam es darauf an, dass die Ordnungsmittel für den Einsatz im gesamten Unternehmen geeignet sind (›S. 188ff.).

Die Beispiele zeigen, welche Lösungen für die jeweiligen Herausforderungen gefunden wurden. Diese Lösungen sind möglicherweise auch für Sie interessant. Darüber hinaus können die Einblicke in die Praxis auch Anregungen für eigene Lösungen liefern: Es kommt schließlich nicht darauf an zu kopieren, sondern zu kapieren.

Kapitel 1
Sekretariat

Interesse an guten Instrumenten

Besonders häufig werden die Organisationsmittel von MAPPEI in Sekretariaten bzw. von Assistentinnen und Assistenten genutzt. Ein Grund hierfür besteht darin, dass durch den Einsatz dieser Ordnungsmittel Vertretungen im Urlaubs- und Krankheitsfall einfacher werden. Zudem ist das Interesse an leistungsfähigen Instrumenten der Büroorganisation in Sekretariaten oft besonders stark ausgeprägt.

Das Beispiel DekaBank

Auch in der DekaBank wird die MAPPEI-Methode genutzt. Die DekaBank mit Sitz in Frankfurt/Main ist das Zentralinstitut und die Investmentgesellschaft der deutschen Sparkassen. Sie bietet zum Beispiel Lösungen zur betrieblichen Altersvorsorge. Die Bank beschäftigt etwa 3.500 Mitarbeiter und nimmt im Fondsgeschäft in Deutschland den zweiten Platz ein. Die DekaBank ist eine Anstalt des öffentlichen Rechts. Anteilseigner sind zu jeweils insgesamt 50 Prozent die Landesbanken und die regionalen Sparkassenverbände über ihre Mitgliedschaft im Deutschen Sparkassen- und Giroverband.

Mit MAPPEI arbeitet die DekaBank etwa seit dem Jahrtausendwechsel.

Stets in derselben Mappe

Beate Beierle ist Vorstandsassistentin der DekaBank. Bei der Einführung von MAPPEI in ihrem Büro empfand sie es als besonders angenehm, dass ein Mitarbeiter von MAPPEI mit ihr jeden einzelnen Vorgang ihrer damaligen Ablage und Wiedervorlage durchgegangen ist, diese bewertet und in Ordnungsmappen umsortiert hat. Dabei hat sich manche Effizienzsteigerung allein schon durch die andere Sichtweise des geschulten Mitarbeiters ergeben.

Sie schätzt an MAPPEI vor allem, dass sich alle Dokumente eines Vorgangs während aller Bearbeitungsstadien stets in derselben, unverwechselbar gekennzeichneten Mappe befinden – ob am Arbeitsplatz, im Schrank, auf Reisen oder im Archiv.

Aktuell benötigte Unterlagen bewahrt sie übersichtlich im Stufenständer auf (30 45 84). So bleibt der Schreibtisch frei, und die Mappen sind trotzdem im direkten Zugriff.

Schreibtisch der Vorstandsassistentin

Nützliche Wiedervorlage

Das Wiedervorlagesystem sorgt dafür, dass alle terminierten Vorgänge sofort über die Farbkennzeichnung und alphabetische Anordnung zu finden sind. So hat sie Vorgänge bei Bedarf gleich in der Hand und kann unverzüglich Auskunft geben. Das zahlt sich zum Beispiel immer dann aus, wenn Vorgesetzte, Kunden oder Kollegen eine Frage haben. So manchen Anrufer konnte sie auf diese Weise schon angenehm überraschen. »Dass Suchzeiten wegfallen, hat einen positiven Einfluss auf die Mitarbeiterzufriedenheit – nicht nur bei mir«, so Beate Beierle.

Einheitliche Farbstruktur

Gemeinsam mit MAPPEI wurde für den Einsatz der Beschriftungsreiter eine einheitliche Farbstruktur erarbeitet, die über den einzelnen Arbeitsplatz hinaus gilt. Jeder zuständige Mitarbeiter weiß, was sich hinter welcher Farbe verbirgt. Abwesenheitsvertretungen sind damit kein Problem mehr: Jeder findet sich schnell auch an einem fremden Arbeitsplatz zurecht.

Ein wichtiger Aspekt ist für Beate Beierle die enorme Platzersparnis, die sich durch die MAPPEI-Methode ergibt. Dies betrifft sowohl die Ablage im direkten Zugriff als auch die endgültige Ablage im Archiv. Ihr Archiv ist dadurch nach eigener Aussage so kompakt, übersichtlich und schnell im Zugriff wie noch nie zuvor.

Tägliche Entlastung

Dass MAPPEI auch Produkte im repräsentativen Design bietet, die den Ansprüchen im Vorstandsbüro und in der Kundenberatung gerecht werden, ist ein netter Nebeneffekt. Am meisten zählt jedoch die Entlastung, die durch die Ordnungsmittel täglich spürbar ist.

Kapitel 2
Außendienstmitarbeiter

Flexibilität ist gefragt

Außendienstler sind mit Blick auf die Ordnung ihrer Unterlagen besonders herausgefordert: Sie haben mehrere Arbeitsplätze und müssen entsprechend flexibel sein.

Vor allem unterwegs kommt es auf eine gute Organisation an. Wer beim Kunden nach einem Blatt suchen muss, strapaziert die Nerven seines Gesprächspartners. Und wer nach einem Kundengespräch Papiere und Notizen nicht systematisch sowie schnell einsortieren kann, muss selbst leiden – spätestens im Büro.

Von Außendienstlern gern genutzt

Aus diesem Grund arbeiten viele Außendienstmitarbeiter gerne mit der MAPPEI-Methode. Einer von ihnen ist Klaus Schreer aus Melle bei Osnabrück.

Klaus Schreer in seinem Home-Office

Klaus Schreer vertritt die Firma OTTO-CHEMIE, ein Unternehmen der Bauchemie, das sich auf hochwertige Dichtstoffe und Klebstoffe spezialisiert hat und Kunden aus Handwerk, Fachhandel sowie Industrie beliefert. Mit MAPPEI organisiert er seine Unterlagen etwa seit Anfang des neuen Jahrtausends.

Eine Mappe pro Kunde

Für jeden Kunden gibt es eine eigene Ordnungsmappe. Sie enthält neben den Notizen von Klaus Schreer ein Blatt mit den wichtigsten Informationen zu diesem Kunden. Dazu gehören beispielsweise die vereinbarten Konditionen sowie eine Übersicht der Artikel, die er bisher gekauft hat.

Die Kundenmappen sind entweder mit einem blauen oder einem grauen Reiter beschriftet. Blaue Reiter signalisieren, dass die Mappe zu einem Händler gehört, mit grauen Reitern werden die Mappen der Direktkunden gekennzeichnet. Direktkunden verarbeiten die Produkte selbst.

Beschriftung mit Klarsicht-Etiketten

Die Reiter beschriftet Klaus Schreer mit transparenten Klarsicht-Etiketten, die er mit seinem Büro-DIN-A4-Drucker bedruckt und anschließend auf die Reiter klebt. Er nutzt dazu die Etiketten J4720-25 von der Firma Zweckform.

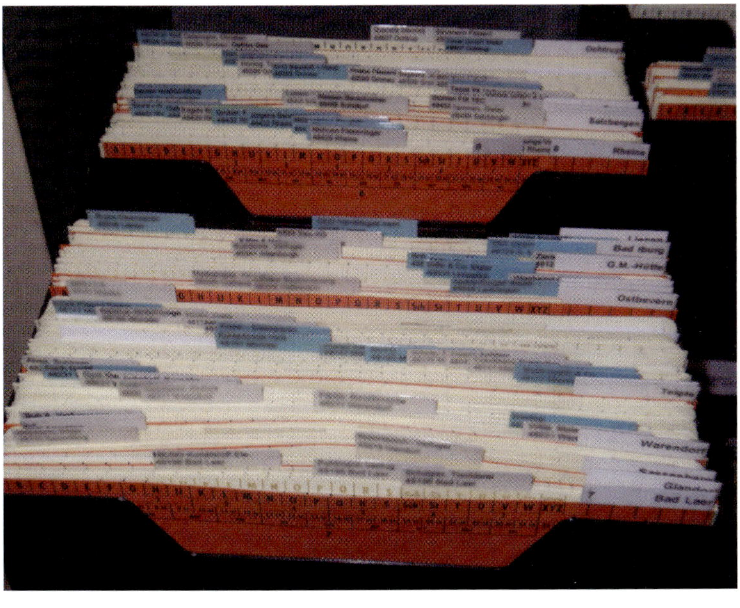

Kundenakten mit blauen und grauen Reitern

Nach Touren geordnet

Die Ordnungsmappen stehen in Boxen, die nach Touren geordnet sind. Im Foto sind noch alte Ordnungsboxen zu sehen; sie sind heute nicht mehr erhältlich.

In den Boxen wiederum sind die Kunden nach Städten sortiert. Die Unterteilung wird mithilfe von Leitkarten (20 30 45) vorgenommen. An diesen befinden sich Reiter mit den Stadtnamen.

Ordnungsmappen, nach Städten sortiert

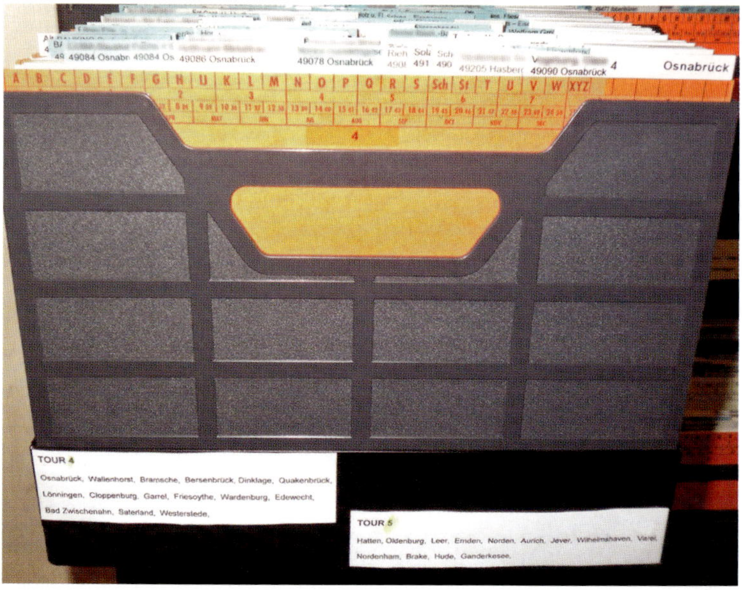

Eigene Mappen für Angebote

Hier nicht im Bild: Unterlagen zu Angeboten kommen in transparente Ordnungsmappen aus PVC (13 40 80). Um sie sofort zu erkennen, werden sie (handschriftlich) mit einem grünen Reiter beschriftet, der nach Bearbeitung einfach entfernt werden kann. Die Mappe wird anschließend erneut verwendet. Die Angebote kommen in die Wiedervorlage, die vor allem der Angebotsverfolgung dient. Somit wird nichts mehr vergessen, und wenn sich der Kunde von sich aus meldet, ist die zugehörige Akte gleich zur Hand.

Das folgende Foto zeigt den Schrank, in dem die Ordnungsboxen aufbewahrt werden. In den handelsüblichen, bereits vorhandenen Schrank wurden nachträglich Teleskopauszüge eingebaut (88 14 50), damit die Boxen herausgezogen werden können und leichter zugänglich sind.

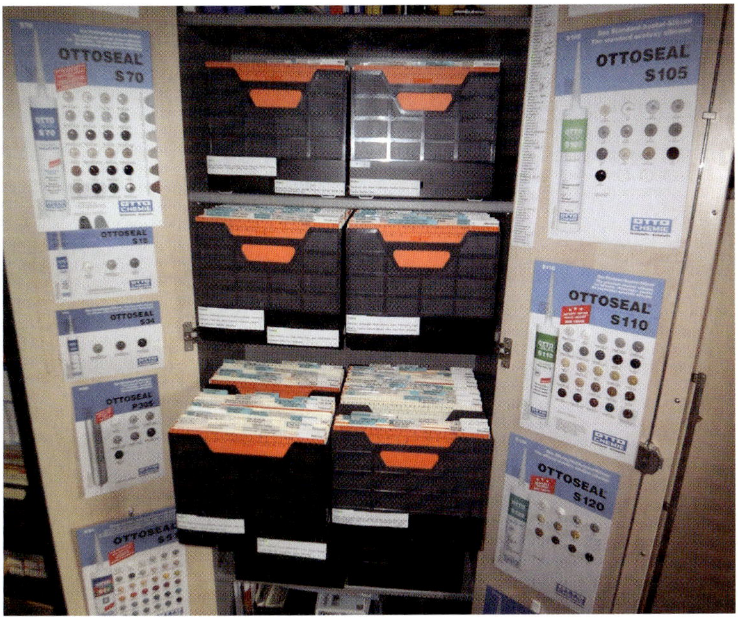

Nachgerüsteter Schrank für die Ordnungsboxen

Die Akten, die am jeweiligen Tag unterwegs benötigt werden, bewahrt Klaus Schreer zusammen mit seiner Wiedervorlage in einer Transporttasche auf (98 00 10). Sie steht auf dem Beifahrersitz. So kann das Auto auch als mobiles Büro fungieren.

Transporttasche mit aktuellen Akten im Auto

Nach dem Termin kommen die Notizen und Unterlagen in die Ordnungsmappe des Kunden. Natürlich hat Klaus Schreer auch ein Notebook. Zum Kundengespräch nimmt er es jedoch nicht mit. Da sind Block und Stift persönlicher.

Wieder im Büro

Wieder im Home-Office angekommen, wird die Transporttasche auf ihren festen Platz gestellt (im Foto ganz vorn). Die Akten werden entnommen und falls nötig bearbeitet – die Tasche wird leer.

Anschließend wird die Tasche mit den Akten für die nächste Tour gefüllt.

Stufenständer für die Akten des Tages

Auf dem Foto ist auch der Stufenständer links auf dem Schreibtisch interessant (30 45 84). Bei Klaus Schreer stehen dort die Mappen, die er an diesem Tag bearbeiten möchte.

Der Vorteil des Stufenständers: Die Unterlagen bilden auf seinem Schreibtisch keinen Stapel – außerdem ist jede Akte mit einem Griff zugänglich. Rein funktionell betrachtet, wäre es freilich auch mit einer normalen Ordnungsbox möglich, auf diese Weise Ordnung zu bewahren.

Einen großen Teil der Arbeitszeit verbringt Klaus Schreer in seinem Auto. Der Kofferraum des Wagens ist bestückt mit Prospekten, Katalogen, Produktflyern, Mustern und anderen aktuellen Werbemitteln, die immer wieder benötigt werden. Wenn es zum Kunden geht, ist somit immer alles dabei und greifbar.

Unterlagen im DIN-A4-Format bewahrt Klaus Schreer in den sogenannten Aktionsmappen auf (12 40 90 + Farbcode). Diese sind stabil und haben – wenn man die Seitenklappen entsprechend knickt – ein großes Fassungsvermögen.

DIN-A4-Prospekte in Aktionsmappen

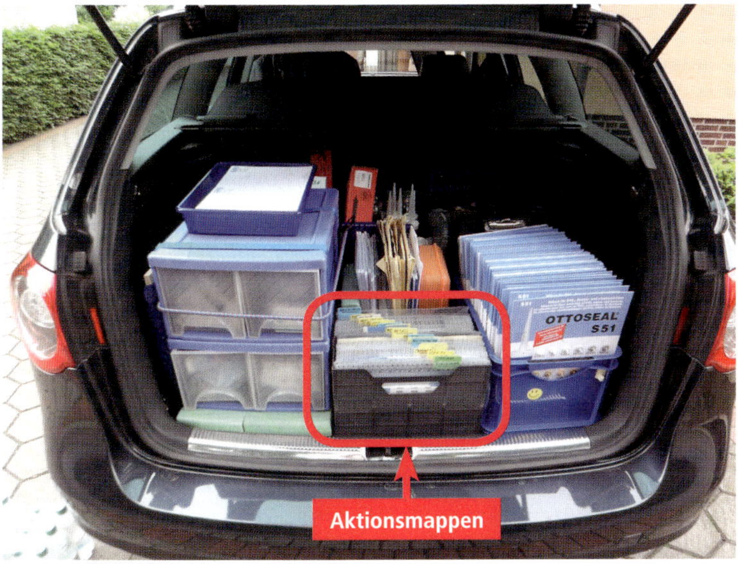

Auch privat im Einsatz

Übrigens: Klaus Schreer findet die MAPPEI-Methode so hilfreich, dass er sie auch privat nutzt. So organisiert er an einem separaten Ort mit MAPPEI beispielsweise seine Bank- und Versicherungsunterlagen, die Papiere für seinen Nachwuchs sowie Akten für einen Verein, in dem er sich engagiert.

Damit nichts durcheinandergerät, verwendet er für diese Anwendungen eigene Reiter-Farben. Zu beschreiben, wie er hier genau vorgeht, würde zu weit führen. Anregungen für die private Nutzung finden Sie im Kapitel »MAPPEI im Privatleben« (›S. 197ff.).

Kapitel 3
Rechtliche Betreuung

Mehr als eine Million Menschen betroffen

In Deutschland gibt es mehr als eine Million Menschen, die im Rahmen des 1992 in Kraft getretenen Betreuungsgesetzes rechtlich vertreten werden. Es handelt sich dabei um Personen, die aufgrund einer psychischen Krankheit oder einer körperlichen, geistigen oder seelischen Behinderung ihre Angelegenheiten ganz oder teilweise nicht erledigen können.

Um das Wohl der Betroffenen kümmern sich Betreuer, die durch das Vormundschaftsgericht bestellt werden. Sie handeln als gesetzliche Vertreter der Betreuten in den definierten Aufgabenkreisen (beispielsweise Sorge für die Gesundheit, Vermögenssorge, Aufenthaltsbestimmungsrecht, Wohnungsangelegenheiten).

Unter gerichtlicher Aufsicht

Die gesamte Tätigkeit des Betreuers steht unter Aufsicht des Vormundschaftsgerichts. Einmal jährlich hat der Betreuer über die Führung der Betreuung gegenüber dem Gericht zu berichten. Beispiel: Soweit der Betreuer den Aufgabenkreis Vermögenssorge innehat, muss eine Aufstellung aller Kontobewegungen mit entsprechenden Belegen eingereicht werden.

Hohe Dokumentationserfordernisse

Das Vormundschaftsgericht kann jederzeit vom Betreuer Auskunft über die Führung der Betreuung verlangen. Entsprechend hoch sind die Dokumentationserfordernisse.

Eine der etwa 17.000 Berufsbetreuer in Deutschland ist Mirjam Hildebrandt aus Karlsbad bei Karlsruhe. Seit 2003 nutzt sie Organisationsmittel von MAPPEI, um die Unterlagen ihrer Klienten zu organisieren.

Unterlagen der betreuten Personen

Mit roten Reitern, die auf normalen Ordnungsmappen rechts angebracht werden, kennzeichnet sie, an welcher Stelle in der Ordnungsbox die Mappen zu einer Person beginnen. Dahinter stehen dann Mappen zu unterschiedlichen Themen, die zu dieser Person gehören.

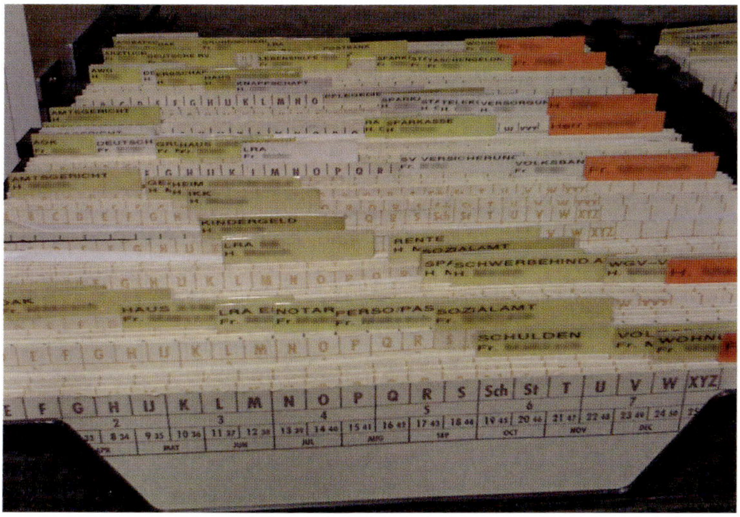

Struktur und Inhalte der Mappen

Informationen und Unterlagen, die aufgrund des geringen Umfangs keine eigene Mappe bekommen, befinden sich in der Mappe mit dem roten Reiter (z. B. die Steuernummer der betreuten Person). Wird die rote Mappe dicker, sichtet die diplomierte Sozialpädagogin (FH) die Inhalte und lagert zusammengehörige Papiere in Ordnungsmappen aus, die sie neu anlegt. Es kann sein, dass auch Mappen angelegt werden, obwohl sie nur zwei oder drei Blätter enthalten. Mirjam Hildebrandt achtet darauf, dass die Akten möglichst detailliert aufbewahrt werden, denn auf diese Weise wird vermieden, dass sie Zeit mit Suchen verliert.

Reiterbeschriftung

Die Reiter beschriftet sie zweizeilig mit einem Beschriftungsgerät von Brother (»P-Touch«). Sie nutzt dazu neun Millimeter breite, transparente (»clear«) Schriftbänder, die sie auf die Reiter aufklebt. In der oberen Zeile steht das Stichwort wie »GEZ«, »AOK« oder »AWO«, in der unteren der Name der betreuten Person.

Aufbewahrung in einem normalen Büroschrank

Die Ordnungsboxen bewahrt sie in einem Büroschrank auf, in dem früher Hängemappen ihre Heimat fanden. Da die Ordnungsboxen in der Breite das Maß von Hängemappen haben, konnten sie einfach eingehängt und der Schrank weiter benutzt werden. Hier sind übrigens noch die alten Ordnungsboxen zu sehen, die inzwischen von den transluzenten Boxen aus Polypropylen abgelöst wurden.

Nutzung der Wiedervorlage

Ein wichtiges Instrument ist für die Berufsbetreuerin die Wiedervorlage. Hiermit organisiert sie die Akten, die in den kommenden Tagen zu bearbeiten sind. Dies betrifft sowohl Ordnungsmappen, die vom Büro aus bearbeitet werden, als auch Mappen, auf die sie bei Hausbesuchen und ähnlichen Außer-Haus-Terminen zurückgreifen muss. Mit einem Blick auf die Wiedervorlage sieht sie, wie voll die kommenden Tage bereits sind und in welchen Tag ein zu vereinbarender Termin noch stressfrei hineinpasst.

Für die Wiedervorlage nutzt sie ein Leitkarten-Set für Tagestermine 1–31 und Monatstermine Jan.–Dez. (39 40 11). Die zu einem bestimmten Termin benötigten Ordnungsmappen werden einfach hinter die entsprechende Leitkarte gestellt.

Mappen in der Wiedervorlage

Der Schreibtisch bleibt frei

Weil sich sämtliche Unterlagen entweder im Aktenschrank oder in der Wiedervorlage befinden, bleibt der Schreibtisch frei für die eine Aufgabe, an der Mirjam Hildebrandt gerade arbeitet.

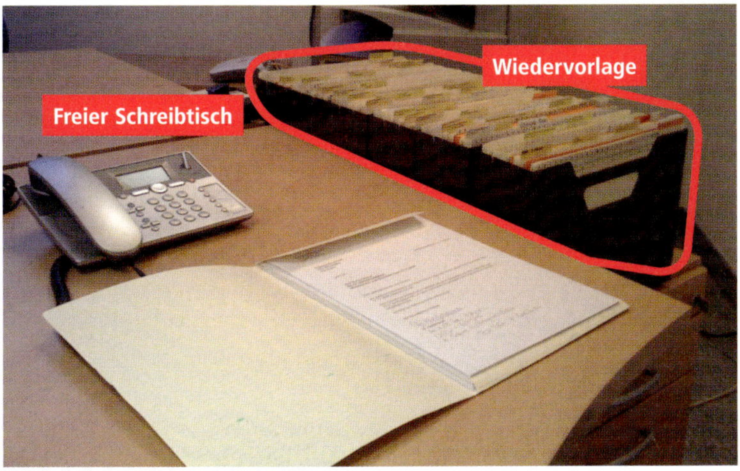

Ist sie unterwegs, um Hausbesuche bei Betreuten zu machen oder beispielsweise beim Sozialamt, der Sparkasse oder dem Notariat etwas zu klären, transportiert Mirjam Hildebrandt die Mappen in einer großen Damen-Handtasche. Das funktioniert, weil sie in der Regel nicht mehr als sechs oder sieben Mappen benötigt, wenn sie außer Haus ist.

Unterwegs: Mappen in der Handtasche

Geringes Gewicht

Da sie nur die Mappen einsteckt, die sie wirklich braucht, halten sich der Aktenumfang und entsprechend der Raumbedarf sowie das Gewicht der zu bewegenden Organisationsmittel in überschaubaren Grenzen. Als sie noch mit herkömmlichen Aktenordnern arbeitete, war der Transport dagegen immer ein Problem.

Ende des Betreuungsverhältnisses

Endet ein Betreuungsverhältnis, etwa weil ein Klient stirbt, müssen die Unterlagen bis zu 30 Jahre lang aufbewahrt werden. In diesem Fall nimmt Mirjam Hildebrandt die betroffenen Mappen aus dem Aktenschrank im Büro und stellt sie in Archivboxen aus Pappe (31 41 66). Das ist mit wenigen Handgriffen erledigt und kostet daher einschließlich Beschriftung nicht mehr als eine Minute Zeit. Auch wenn sie in den Archivboxen stehen, sind die Unterlagen rasch zugänglich und bei Bedarf zu Hand.

Wie die Archivierung funktioniert, zeigen die folgenden Fotos.

Ab in die Archivschachtel …

… und ins Regal

Weniger Chaos

Insgesamt betrachtet erlebt Mirjam Hildebrandt die Arbeit mit MAPPEI als »deutlich chaosreduzierend«. Ihre Erfahrung: Der Zugriff auf benötigte Papiere ist deutlich schneller im Vergleich zur Arbeit mit anderen Systemen zur Aktenaufbewahrung, mit denen sie früher arbeitete.

Keine Stapel mehr

Einen wichtigen Vorteil sieht sie auch darin, dass sie neu eintreffende Dokumente rasch ablegen kann – sie muss sie einfach in die richtige Mappe stecken. Das ist meist sogar möglich, ohne die Ordnungsmappe aus der Box zu nehmen. Als sie noch mit Hebelordnern gearbeitet hatte, war die Ablage umständlicher und entsprechend lästiger. Die Folge: Auf dem Schreibtisch stapelten sich die Unterlagen, die zu lochen und einzusortieren waren, »wenn mal Zeit ist«. Diese Zeit der Stapelbildung ist nun vorbei.

Kapitel 4
Vortragsmanagement

Sehr oft auf Reisen

Wenn jemand unterwegs ist, möchte er nur die Unterlagen dabeihaben, die er wirklich benötigt. Jemand, der *sehr oft* auf Reisen ist und eine auf seine Bedürfnisse perfekt abgestimmte Organisation im Hintergrund benötigt, ist der Businessexperte und Vortragsredner Hermann Scherer (www.hermannscherer.com).

Unternehmen Erfolg

Hermann Scherer ist parallel zu seiner Vortragstätigkeit Inhaber der Unternehmen Erfolg GmbH (www.unternehmen-erfolg.de). Das Unternehmen organisiert in Kooperation mit Medien wie dem Nachrichtenmagazin Focus bundesweit Veranstaltungsreihen mit prominenten Referenten.

Autor vieler Bücher

Bisher veröffentlichte Hermann Scherer 36 Bücher, die in neun Ländern erschienen sind. Die Organisationsmittel von MAPPEI nutzt er persönlich, um Stoffsammlungen für seine Bücher zu organisieren.

Zahlen, die einen Eindruck vermitteln

Einige Zahlen (eigene Angaben für das Jahr 2008) vermitteln einen Eindruck davon, welchen Anforderungen seine Assistentin, Yvonn Rebling, im Business Management gerecht werden muss:

- 872 Anfragen
- 262 Buchungen
- 37 Seminare und Coachings
- 14 Vorlesungen an Hochschulen und Universitäten
- 144 nationale Flüge
- 194 Hotel-Übernachtungen

Drei Boxen

Um diese Herausforderungen zu bewältigen, nutzt das Büro ebenfalls Einstellmappen und Organisationsboxen. Ruft ein Kunde an, weil er Hermann Scherer als Referent buchen möchte und ein Angebot wünscht, wird eine Mappe angelegt und in die Wiedervorlage gestellt. Diese füllt drei Boxen, die direkt auf dem Schreibtisch der Assistentin stehen.

Angebote und Buchungen auf dem Schreibtisch

Kommt die Buchung zustande, wird die Mappe dieser Veranstaltung um die Informationen des Kunden ergänzt. Auch die Reiseunterlagen werden in die Mappe gelegt.

Mit einem Griff zur Hand

Alles, was wichtig ist

In der Mappe befindet sich neben der Hotelreservierung auch ein Infoblatt. Auf diesem sind Angaben wie die Adresse des Veranstaltungsortes sowie der Name des Ansprechpartners vor Ort vermerkt. Kurz: Die Mappe enthält alles, was wichtig ist.

Ist Hermann Scherer im Büro, bekommt er die Mappen für die nächsten Veranstaltungen überreicht.

Übergabe an Hermann Scherer

Die aktuellen Mappen transportiert er in einer Tasche, die auch seinen Laptop aufnimmt.

Gut zu transportieren

Was Hermann Scherer an der Organisation per MAPPEI schätzt: Es geht schnell, ist einfach, die Mappen sind leicht und auch vom Volumen gut zu transportieren.

Zurück im Büro

Ist die Veranstaltung zu Ende, wird weggeworfen, was nicht mehr benötigt wird. Der Rest, einschließlich der Unterlagen, die zum Schreiben der Rechnung nötig sind, geht zurück ins Büro – wo bereits die nächsten Mappen auf Herrn Scherer warten …

Kapitel 5
Personalverwaltung

Bei der Personalverwaltung fallen Dokumente an, die vom Typ her ähnlich sind (Arbeitsvertrag, Unterlagen zur Krankenversicherung usw.). Wer hier für jeden Mitarbeiter einen Aktenordner anlegt, verschwendet viel Platz – der Ordner wird zu Beginn nur wenige Papiere enthalten und dennoch die volle Rückenbreite im Regal beanspruchen.

Ordner sind nicht gut geeignet

Auch der Einsatz einer Hängeregistratur hat nicht nur Vorteile. Daher ist es nicht überraschend, dass Personalabteilungen gerne mit Einstellmappen – und hier bevorzugt mit Fächermappen – arbeiten.

Eine Einrichtung, in der dies der Fall ist, ist das »Haus des Lebens«, eine gemeinnützige GmbH im hessischen Herborn. Träger ist der bereits seit 1923 in der Seniorenarbeit tätige gemeinnützige Verein »Evangelischer Gemeinschaftsverband Herborn e.V.«.

Das Beispiel »Haus des Lebens«

Das »Haus des Lebens« betreibt Senioren- und Pflegeheime an drei Standorten (Bischoffen am Aartalsee, Driedorf, Herborn). Als eine zugelassene Einrichtung der stationären Altenhilfe hat es einen Versorgungsvertrag mit den Pflegekassen.

Das Personal ist in den vergangenen Jahren auf etwa 300 Mitarbeiter angewachsen und wird von Herborn aus zentral verwaltet. Seit dem Jahre 2004 werden zur Verwaltung von Personalakten Organisationsmittel von MAPPEI eingesetzt.

300 Mitarbeiter

Eine Mappe pro Beschäftigten

Für jeden Beschäftigten wird eine Ordnungsmappe mit fünf Fächern angelegt (19 40 46). Die einzelnen Fächer der Mappen sind identisch beschriftet:

- Vertrag
- KK/Arzt (Krankenkasse/Betriebsarzt)
- Fortbildung
- VL/BAV (Vermögenswirksame Leistungen/Betriebliche Altersvorsorge)
- Schriftverkehr

Personalakte mit fünf Fächern

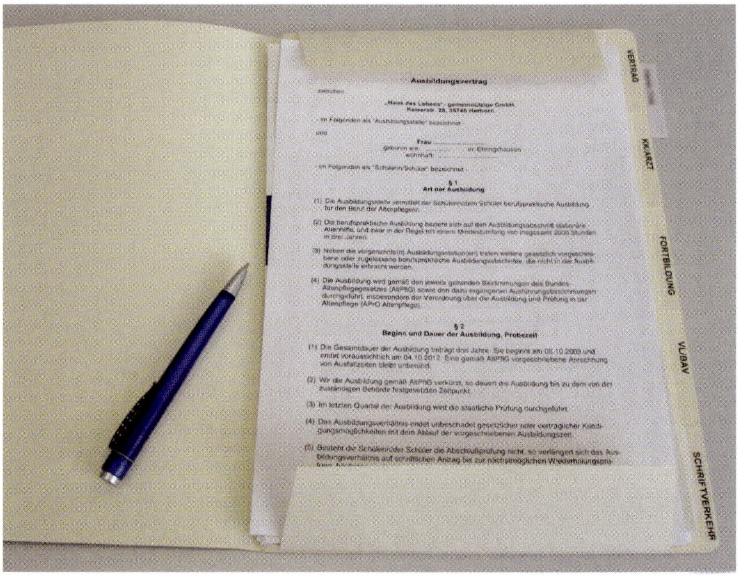

Die Mappen werden mit einem weißen Reiter versehen, der mit dem Namen des Mitarbeiters beschriftet wird. Ordnungskriterium ist also der Name (und nicht mehr die Personalkennziffer, wie es früher der Fall war). Vorteil: Wird die Akte eines Mitarbeiters benötigt, kann sie entnommen werden, ohne zuvor nachzusehen, welche Kennziffer dem Mitarbeiter zugeordnet ist.

Vorgehen bei Hängeheftern

Früher wurde mit Hängeheftern gearbeitet. Wollte man etwas ablegen, waren folgende Arbeitsschritte nötig:

- Die Hängemappe musste zunächst entnommen werden.
- Die Heftvorrichtung musste geöffnet werden.
- Nach dem Einlegen musste sie wieder geschlossen werden.
- Die Mappe musste zurückgehängt werden.

Umständliches Vorgehen

Dieses Vorgehen wurde vom Verwaltungsleiter als umständlich empfunden. Nach dem Umstieg auf die Fächermappen können Dokumente abgelegt werden, ohne die Mappe ganz aus dem Schrank zu nehmen. Es reicht in den meisten Fällen, die in der Ordnungsbox stehende Mappe mit dem Finger leicht zu öffnen. Mit der anderen Hand kann das abzulegende Blatt dann eingelegt werden.

Die Folge: Die Ablage ist deutlich schneller zu erledigen. Auch der Rückgriff auf Unterlagen ist mit den Fächermappen viel schneller möglich.

Weitere Aufgaben

Neben den Personalakten kümmert sich der Verwaltungsleiter auch um die Lohn- und Gehaltsabrechnungen, das Prüfen von Eingangsrechnungen sowie um die Vertragsverwaltung (z. B. Serviceverträge). Täglich fallen viele Unterlagen an, die abzulegen bzw. zu bearbeiten sind. Durch den Einsatz von Einstellmappen ist das Ablegen nun nicht mehr so lästig wie früher.

Die Unterlagen bewahrt der Verwaltungsleiter heute in einer Mappothèque mit fünf Schubladen auf (83 23 16). In eine Lade passen 15 Ordnungboxen, insgesamt fasst der Schrank 7,5 laufende Meter Schriftgut.

Mappothèque mit 15 Boxen pro Schublade

Neben der Mappothèque steht noch der Schrank, in dem früher die Hängehefter aufbewahrt wurden.

Mappothèque (l.) und Schrank für Hängeregistratur

In die Schienen der vier Fächer konnten nach der Umstellung auf MAPPEI die Ordnungsboxen einfach hineingehängt werden, da die Breite identisch ist.

Obwohl der Schrank höher als die Mappothèque ist, verfügt er nur über vier Schubfächer. In ein Schubfach passen jeweils zwei statt drei Boxenreihen nebeneinander. Daher bietet dieser Schrank längst nicht das Volumen der Mappothèque. Dennoch wird der Schrank weiter genutzt – als Archivschrank für Unterlagen von Mitarbeitern, die ausgeschieden sind, sowie für andere Unterlagen, die aufgrund gesetzlicher Aufbewahrungsfristen noch nicht entsorgt werden können.

Wiedervorlage

Auf dem Schreibtisch im Vordergrund ist die Wiedervorlage des Verwaltungsleiters zu sehen. Vor der Umstellung auf MAPPEI hatte er seine aktuellen Vorgänge in einer Sichthülle sortiert. Insgesamt gibt es zwischen zwanzig und dreißig Aktivitäten, die an Termine gebunden sind. Dieser Stapel musste einmal am Tag durchgesehen werden.

So funktioniert es heute

Dank der Wiedervorlage ist diese Durchsicht heute nicht mehr nötig:

- Die Unterlagen werden in eine Aktionsmappe gelegt.
- Diese Mappe wird entsprechend beschriftet.
- Nach dem Beschriften wird sie in die Wiedervorlage eingestellt.

Zwei Vorteile

Vorteil dieses Vorgehens ist nicht nur der Wegfall des Stapels. Im Alltag erweist es sich als nützlich, dass die Reiter aller Mappen der Wiedervorlage zu lesen sind. Auch dann, wenn sich ein Ansprechpartner vor dem Termin meldet, sind die Unterlagen schnell verfügbar, da ihr Behältnis – die beschriftete Aktionsmappe – schnell mit dem Auge erfasst und mit einem Griff entnommen werden kann.

Kapitel 6
MAPPEI im gesamten Unternehmen

Pilotprojekt im Chefsekretariat

Am besten entfaltet sich das Potenzial der MAPPEI-Methode dann, wenn sie im gesamten Unternehmen eingesetzt wird. Meist beginnt der Einsatz in einer Abteilung, beispielsweise dem Chefsekretariat. Wurden dort gute Erfahrungen gesammelt, können Schritt für Schritt alle Abteilungen umgestellt werden.

Beispiel Nedschroef

Beispiel für ein Unternehmen, das auf diese Weise vorging, ist die Nedschroef Plettenberg GmbH. Etwa 160 Mitarbeiter fertigen dort hochtechnologische Produkte für die internationale Automobilindustrie. Kernprozesse sind das Kaltumformen, Stanzen und Tiefziehen für Teile mit Innengewinde. Mehr als acht Millionen Teile verlassen täglich das Werk.

Schritt für Schritt

Bei Nedschroef sah das Vorgehen so aus:

- MAPPEI wurde im Jahre 2007 zunächst in der Chefetage erprobt.
- Nachdem sich der Einsatz bewährte, wurde 2008 ein Aktensystemplan für das gesamte Unternehmen erarbeitet.
- Die Verwaltung von Unterlagen in Papierform wurde anschließend nach und nach vollständig auf MAPPEI umgestellt.
- Auch im deutschen Schwesterwerk in Altena (Sauerland) erfolgte die Umstellung.
- Der Einsatz bei einem verbundenen Unternehmen in Dänemark ist geplant.

Akten und Aufgaben im Chefsekretariat

Wie erwähnt, wurden die neuen Organisationsmittel zunächst im Geschäftsleitungssekretariat erprobt, und zwar zur Verwaltung von

- Materialien, die nicht an einen Termin gebunden sind,
- Papieren, die zu einem bestimmten Termin zur Hand sein müssen,
- Aufgaben, die heute zu erledigen sind,
- Aufgaben, die bis zum Ende der Woche bewältigt werden müssen.

Materialien, die nicht an einen Termin gebunden sind

Zunächst sammeln und organisieren

Im Chefsekretariat fallen täglich Papiere an, die zunächst gesammelt und organisiert werden müssen. Das betrifft etwa Unterlagen, die der Geschäftsführer an das Sekretariat weitergibt. Oft handelt es sich dabei nur um ein einziges Blatt. Es heißt dann zum Beispiel: »Herr Müller ruft irgendwann im Laufe der kommenden drei Wochen mal an. Wenn es so weit ist, brauchen wir diese Unterlagen.« In solchen Fällen kann die Mappe nicht in die Wiedervorlage sortiert werden, denn der Zeitpunkt des Anrufs ist ja unklar. Die Ablage erfolgt dann auf diese Weise:

Unterlagen ohne Termin

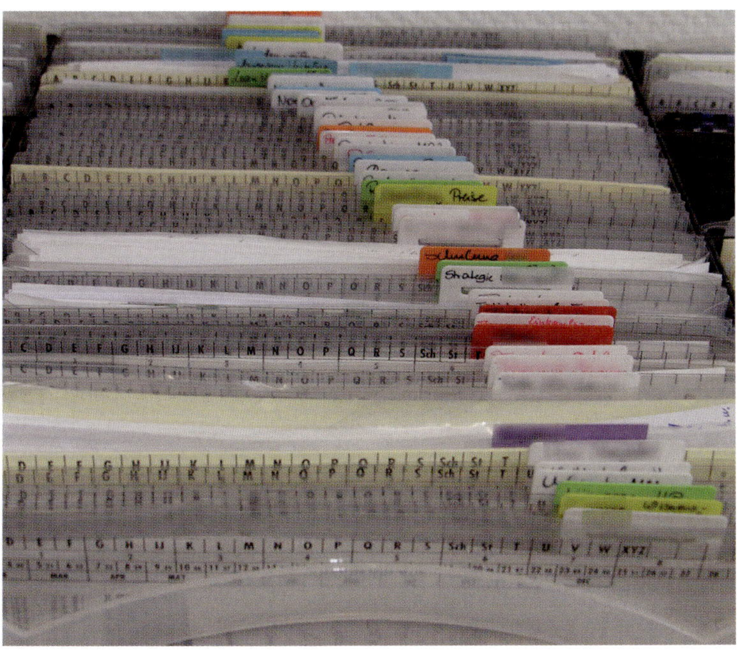

Ähnlich geht das Sekretariat mit Papieren um, bei dem der Geschäftsführer sagt: »Darauf komme ich gelegentlich wieder zurück« oder: »Dazu bekommen wir noch weitere Unterlagen.«

Berücksichtigung des Farbschemas

Die Papiere werden in Aktionsmappen (12 40 90) aufbewahrt. Soweit möglich, wird bei der Wahl der Reiter das Farbschema des Aktensystemplans berücksichtigt (›S. 192): Wenn klar ist, dass sich die Unterlagen auf einen Kunden beziehen, wird ein gelber Reiter verwendet. Bezieht sich das Material auf eine Personalfrage, kommt ein roter Reiter zum Einsatz, und so weiter.

Lässt sich das Papier noch nicht zuordnen, wird eine Aktionsmappe mit einem weißen Reiter verwendet. Die Aktionsmappen – egal, welche Farbe der Reiter hat – werden von Hand beschriftet.

Papiere, die zu einem bestimmten Termin zur Hand sein müssen

Termin-Set

Für die Wiedervorlage wird das Termin-Set mit 31 Ordnungsmappen für die 31 Tage eines Monats sowie 12 Mappen für die 12 Monate eines Jahres eingesetzt. Es ähnelt dem Organisationsmodul mit der Artikel-Nr. 39 40 15 – Unterschied ist nur, dass statt der normalen Ordnungsbox eine Ordnungsbox aus Acrylglas verwendet wird.

In die Mappen können Zettel gelegt werden. Zwischen den Tagesmappen stehen Mappen, die am betreffenden Tag benötigt werden.

Wiedervorlage auf Mappenbasis

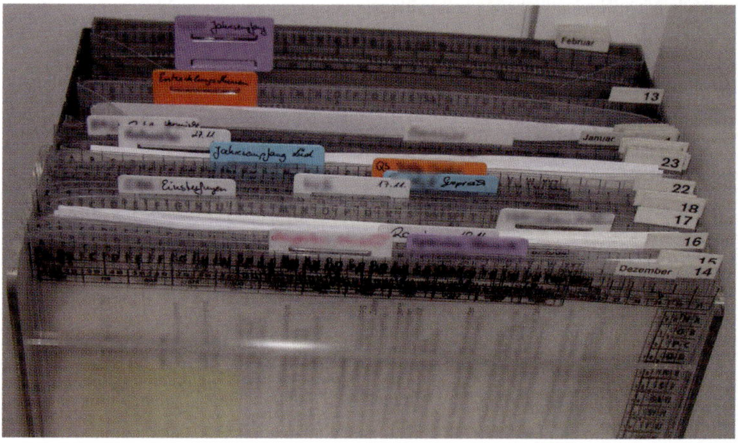

Aufgaben, die heute zu erledigen sind

Memory-Board als To-do-Speicher

Auf dem Schreibtisch der Chefsekretärin steht ein Organizer (30 46 84) mit Memory-Board (23 31 41). Das Memory-Board fungiert als To-do-Speicher. Bitten, die der Chef äußert, werden auf einem Memoblatt (90 00 40) notiert. Dieses Blatt wird anschließend in ein freies Fach des Memory-Boards gesteckt. Es handelt sich dabei in der Regel um tagesaktuelle Aufgaben (»Werkstatt anrufen: Riss in der Scheibe«). Da die Blätter auf dezente Weise angeordnet sind, lenken sie nicht ab, sind aber bei Bedarf sofort im Blick. Ist es an einem Tag einmal nicht möglich, sämtliche Memoblätter zu bearbeiten, bleiben die nicht erledigten Blätter im Memory-Board stecken – ein Übertragen der To-do-Notiz auf den nächsten Tag ist damit nicht mehr nötig.

Mappe »Tagesbesprechung«

Hinter dem Memory-Board steht im Organizer eine Mappe mit dem Reiter »Tagesbesprechung«. Dort hinein kommen alle Unterlagen, die für die tägliche Besprechung zwischen Geschäftsleitung und Sekretariat von Bedeutung sind.

Aufgaben, die bis zum Ende der Woche bewältigt werden müssen

Mappen für die laufende Woche

Rechts neben dem Organizer steht eine normale Ordnungsbox (30 44 88). Sie enthält Mappen, die im Laufe der aktuellen Woche erledigt werden müssen, ohne einen festen Termin zu haben. Hätten sie einen Termin, würden sie nicht dort stehen, sondern in der Wiedervorlage.

Farbskala für das gesamte Unternehmen

Nachdem die neuen Organisationsmittel die Prüfung im Alltag des Chefsekretariats bestanden hatten, fiel die Entscheidung, die Aktenorganisation des gesamten Unternehmens auf MAPPEI umzustellen. Für diesen umfassenden Einsatz wurde eine Farbskala erarbeitet. Sie hilft bei der Entscheidung, welche Reiter-Farbe zu wählen ist, wenn eine neue Ordnungsmappe angelegt wird.

Das Ergebnis sieht so aus:

Farbskala der Nedschroef Plettenberg GmbH

00		To / do´s
01		Kunden
02		Personal
03		Geschäftsleitung
04		Projekte
05		Institutionen / Partner
06		Einkauf / MaWi
07		Normen
08		
09		Leitkarten
10		Konstruktion / Produktion
11		Verträge / Versicherung
12		Qualitätswesen

Was sich hinter den einzelnen Punkten verbirgt, wird auf den folgenden Seiten skizziert.

To do's

Aktionsmappen

Hier werden Aufgaben ohne Termin gesammelt, die gelegentlich bearbeitet und später vielleicht zu Projekten werden oder für einen anderen Bereich relevant sind. Die Unterlagen werden in Aktionsmappen (›S. 89) mit einem weißen Reiter aufbewahrt.

Kunden

In den Kundenakten werden Vereinbarungen, Bestellungen sowie Papiere zu hergestellten serienreifen Produkten abgelegt. Die Kundenakten werden sowohl von Key-Account-Managern genutzt (Innendienst) als auch von Anwendungstechnikern, die vor Ort beim Kunden tätig sind.

Mehrere Mappentypen

Weil die zu verwaltenden Akten vom Volumen her sehr unterschiedlich sind, ist hier Flexibilität gefragt: Bei dem einen Kundenprojekt fallen nur wenige Blätter an, beim nächsten gleich Hunderte. Daher werden hier mehrere Mappentypen eingesetzt:

- Normale Ordnungsmappen (›S. 78f.)
- Mappen mit Bodenfalte (›S. 80f.)
- Fächermappen (›S. 82f.)
- VARIO-Dehnhefter, auch als »MAPPEI-Ordner« bezeichnet (›S. 85f.)

Personal

Fächermappen

Zur Verwaltung der Personalakten werden Fächermappen (›S. 82f.) mit 5er-Unterteilung genutzt. Die fünf Fächer sind thematisch jeweils identisch eingeteilt.

Geschäftsleitung

Mit einem blauen Reiter werden alle Akten gekennzeichnet, die beim Geschäftsführer untergebracht sind. Dazu zählen beispielsweise Strategiepapiere, Korrespondenzen mit der Holding sowie Papiere zu Finanzen und Budgets.

Projekte

Identische Reiter-Farben

Ein Projekt entsteht, wenn ein bestehender Bereich im Unternehmen erweitert wird oder ein zusätzlicher Bereich hinzukommt. Daneben gibt es Projekte, die darauf abzielen, neue Kunden zu gewinnen. An der Planung und Realisierung von Projekten sind häufig mehrere Abteilungen beteiligt. Hier zahlt es sich besonders aus, dass die Reiter-Farben abteilungsübergreifend identisch eingesetzt werden. Wie bei den Kundenakten werden auch hier Ordnungsmappen verschiedener Typen genutzt. Die Ordnungsmittel passen sich den Bedürfnissen der Nutzer an – nicht umgekehrt.

Institutionen/Partner

In diese Rubrik fallen Informationen und Korrespondenzen, die beispielsweise den Schraubenverband, den Arbeitgeberverband und die IHK betreffen.

Einkauf/Materialwirtschaft

Eine Mappe pro Vorgang

Hierzu gehören Lieferantenstammdaten, der Schriftverkehr mit den Lieferanten sowie eine Mappe pro Vorgang für die Bestellungen von Vormaterial (mehrere Tausend Bestellabwicklungen pro Jahr).

Normen

Die Kunden der Nedschroef Plettenberg GmbH stammen vor allem aus der Automobilindustrie. Hier sind oft Sonderlösungen gefragt. Mappen mit spezifischen Vorgaben (Normen) seitens der Kunden werden mit lachsfarbenen Reitern versehen.

Leitkarten

Reiter für Leitkarten

Leitkarten werden genutzt, um Sachgebiete mit vielen Mappen weiter zu unterteilen. Damit keine Verwirrung entsteht, bekommen Leitkarten eine eigene Reiter-Farbe. Diese Reiter-Farbe ist bei allen Leitkarten identisch – egal, wo sie eingesetzt werden.

Konstruktion/Produktion

In dieses Sachgebiet kommen Unterlagen der Ingenieure, die die Produkte nach den Vorgaben der Kunden planen. Die Dokumentationen von Produktentwicklungen sind hier zu finden.

Verträge/Versicherung

Hier werden beispielsweise Kauf- und Leasingverträge sowie die zugehörigen Korrespondenzen abgelegt.

Qualitätswesen

Für viele Firmen sind das Qualitätswesen und entsprechende Zertifizierungen wichtig. Bei Automobilzulieferern spielt es eine besonders große Rolle, denn die Anforderungen seitens der Kunden sind überdurchschnittlich hoch. Entsprechend fallen viele Akten an, die mit diesen Themen zu tun haben. Alle zugehörigen Unterlagen werden mit einer eigenen Reiterfarbe gekennzeichnet.

Die aktuellen Akten werden an den Arbeitsplätzen der Mitarbeiter aufbewahrt. Vorhandene Aktenschränke werden weiter benutzt. Dazu wurden Teleskopauszüge (88 14 50) montiert.

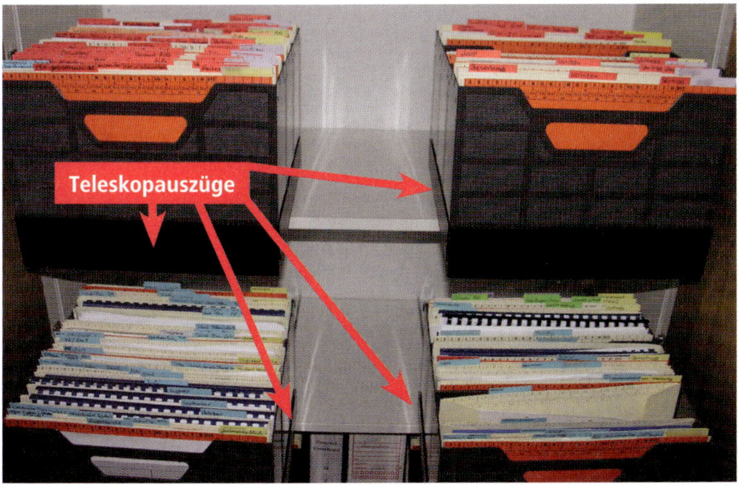

Umgerüsteter Büroschrank

Die meisten Schreibtische verfügten bereits über Auszüge oder Rollcontainer, in die die Ordnungsboxen einfach eingehängt werden konnten.

Hilfe für den Mitarbeiter und seinen Vertreter

Alle Schreibtische wurden mit einer Wiedervorlage ausgestattet, denn im Vertretungsfall sollen sich auch Kollegen in den Akten zurechtfinden. Die Verwaltung der Termine wurde mit Leitkarten-Sets realisiert (39 40 11). Es gibt je eine Leitkarte für die maximal 31 Tage eines Monats sowie 12 Leitkarten für die 12 Monate eines Jahres. Hinter die Leitkarten werden die Mappen gestellt, bei denen an diesem Tag beispielsweise ein Rückruf erfolgen muss oder Testunterlagen zurückerwartet werden.

Wiedervorlage auf Leitkartenbasis

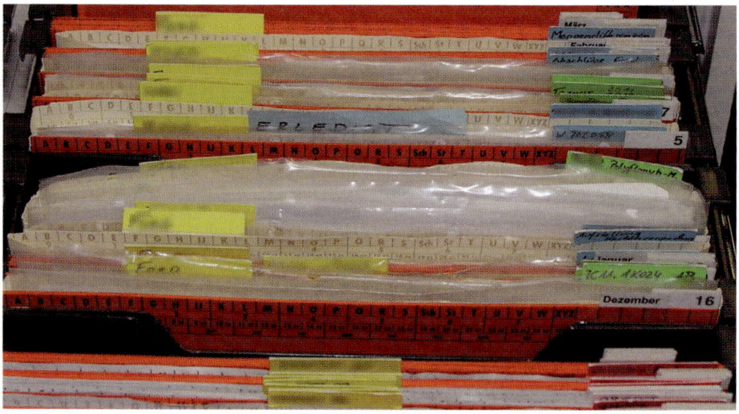

Wird ein Kollege krank, kann die Vertretung ohne Mühe sehen, welche Aufgaben am jeweiligen Tag mit zu übernehmen sind.

Jeder Arbeitsplatz nutzt auch Aktionsmappen (›S. 89). Dort werden temporäre Unterlagen abgelegt. Da die Reiterfarben unternehmensweit identisch sind, ist auch die Orientierung bei der Arbeit mit Aktionsmappen denkbar übersichtlich.

Weniger Suchzeiten, leichtere Vertretung

Auch wenn der Einsatz von Ordnungsmappen neue Abläufe mit sich bringt und mit einem entsprechenden Umstellungsaufwand verbunden war, überwiegen nach Aussage von Nedschroef die Erleichterungen. Als Vorteil wird besonders hervorgehoben, dass die Suchzeiten zurückgegangen sind und durch die einheitliche Handhabung und Organisation der Akten Vertretungsregelungen besser funktionieren.

Kapitel 7
MAPPEI im Privatleben

Manche Personen finden das MAPPEI-System so nützlich, dass sie auch private Unterlagen damit ordnen. Dieses Kapitel gibt einige Anregungen, wie sich MAPPEI zu Hause nutzen lässt. Es gibt Einblicke in die private Aktenorganisation eines Freundes, dem ich beim Einrichten geholfen habe.

Zu den Bereichen, in denen immer wieder Papiere anfallen, die er aufbewahrt, gehören:

- Versicherungen
- Wohnungsverwaltung
- Gehaltsabrechnungen
- Steuererklärungen
- Unterlagen für sein Kind

Für jeden Bereich gibt es mindestens eine eigene Ordnungsbox.

Privat genutzte Ordnungsboxen

Das Anlegen von eigenen Boxen für spezielle Bereiche war erst nötig, als die Unterlagen entsprechend anwuchsen. Zuvor wurden die Bereiche mit Leitkarten (20 30 45) abgegrenzt, um halb volle Boxen zu vermeiden.

Versicherungen

Drei Boxen

Die Versicherungsunterlagen werden in drei Ordnungsboxen aufbewahrt:

- Box für ihn (Renten-, Kapital- und Berufsunfähigkeitszusatzversicherungen sowie ähnliche Verträge)
- Box für seine Frau (Rentenversicherung im Rahmen der betrieblichen Altersvorsorge, Unfallversicherung und ähnliche Verträge)
- Sonstige Versicherungen (Haftpflicht- und Hausratversicherung sowie ähnliche Verträge)

Pro Vertrag eine Mappe

Für jeden Vertrag gibt es eine 5er-Fächermappe (19 40 46). Die Fächer tragen Beschriftungen wie:

- Korrespondenz
- Versicherungsschein
- Antrag
- Vorab-Infos
- Infos zum Unternehmen

Fächermappe für einen Versicherungsvertrag

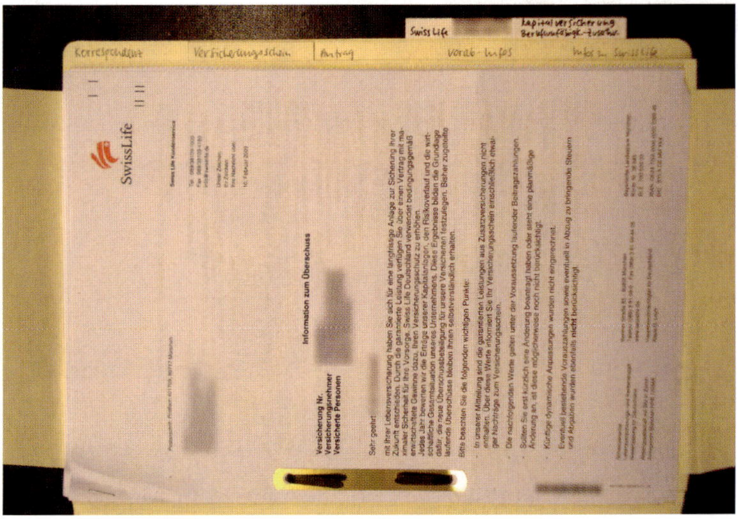

Das Fach »Korrespondenz« ist das erste Fach, das zu sehen ist, wenn man die Mappe öffnet. Das ist auch sinnvoll, denn hier werden die jährlichen Informationen zum Überschuss sowie sonstige eingehende Unterlagen abgelegt. Die Papiere werden durch einen handelsüblichen Heftstreifen zusammengehalten.

Wohnungsverwaltung

Unterteilung für die Wohnungsverwaltung

Die Unterlagen für eine vermietete Wohnung füllen eine eigene Box. Dort stehen jeweils eigene Mappen mit den Abrechnungen zum Beispiel für:

- Abfallgebühren
- Gas
- Schornsteinfeger
- Städtische Abgaben (Grundsteuer, Straßenreinigung, Winterdienst)
- Strom
- Wasser

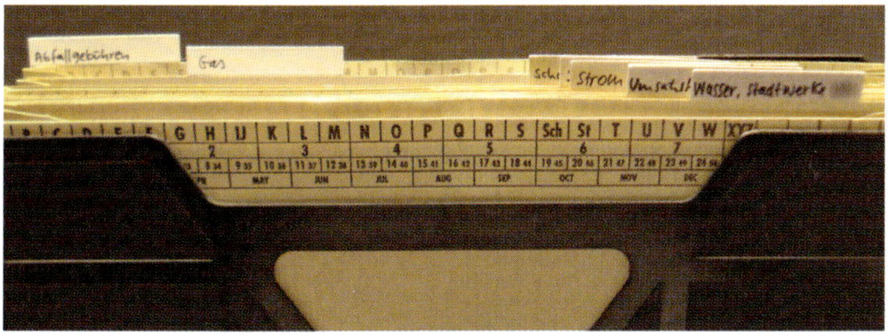

Geht ein Schreiben ein, das sich auf die Wohnung bezieht, ist gleich klar, wo es abzulegen ist. Das Ablegen ist mit wenigen Handgriffen erledigt. Das beugt der Stapelbildung vor.

Wenn die Abrechnung der Nebenkosten ansteht oder das Erstellen der Steuererklärung, sind die Unterlagen ohne Suchen gleich zur Hand.

Andere Wohnung, andere Reiter-Farbe

Auch die Eltern des Freundes vermieten eine Wohnung. Die Verwaltung wird von ihm mit erledigt, ebenfalls auf MAPPEI-Basis. Damit nichts durcheinandergerät, werden für die Mappen rote Reiter verwendet (im Bild nicht zu sehen).

Steuererklärungen

Sammelmappe für Steuerunterlagen

Für die Steuererklärung wurde eine Sammelmappe angelegt (10 40 46). Treffen per Post steuerrelevante Unterlagen ein wie zum Beispiel Spendenbescheinigungen oder Handwerkerrechnungen, werden sie dort abgelegt. Steht das Erstellen der Steuererklärung an, müssen die Papiere nicht erst zusammengesucht werden.

Gehaltsabrechnungen

Ein Stehhefter pro Jahr

Die Gehaltsabrechnungen werden in Stehheftern abgelegt (10 47 46). Für jedes Jahr wird ein neuer Hefter verwendet. Die Positionierung der Reiter orientiert sich an der numerischen Ordnungsleiste 0–9. Das heißt, der Reiter des Stehhefters für das Jahr 2006 wird mit der linken Kante bei »6« positioniert (siehe Foto).

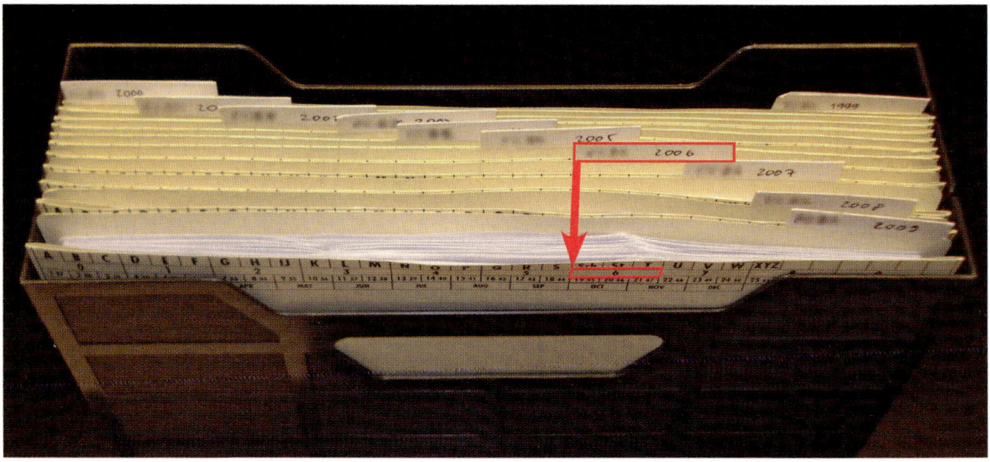

Die Ordnung entsteht dadurch fast nebenbei: Die monatlich eintreffenden Abrechnungen sind rasch abgelegt. Werden die Unterlagen benötigt – etwa im Rahmen der Kontenklärung der Deutschen Rentenversicherung –, sind sie ohne Suchzeiten zur Hand.

Unterlagen des Kindes

Von der Wiege an

Auch für das Kind gibt es eine eigene Ordnungsbox. Diese Box wurde schon kurz nach der Entbindung angelegt, denn der Zustrom an Bescheinigungen, Formularen und Dokumenten setzt ja spätestens dann ein, wenn ein Mensch das Licht der Welt erblickt. Alle Mappen, in denen sich Unterlagen des Kindes befinden, bekommen gelbe Reiter.

In der Ordnungsbox des Kindes befinden sich Unterlagen zu Themen und Bereichen wie:

- Geburtsurkunde
- Identifikationsnummer des Bundeszentralamtes für Steuern
- Rentenversicherungsnummer
- Krankenkasse
- Mutterschaftshilfe
- Kindergarten
- Schulamt
- Musikschule

Selbst wenn es noch viele Jahre dauert: Eines Tages wird die lebenslang gültige Identifikationsnummer des Bundeszentralamtes für Steuern benötigt – spätestens bei Abgabe der ersten eigenen Steuererklärung. Wenn dann die Nummer gebraucht wird, ist klar, wo sie sich befindet.

Wiedervorlage

Wiedervorlage auf Mappenbasis

Da sich die Wiedervorlage im beruflichen Kontext bewährte, kommt sie in diesem Fall auch im Privatleben zum Einsatz, und zwar auf Basis von transparenten Ordnungsmappen für die maximal 31 Tage eines Monats sowie die 12 Monate eines Jahres (39 40 15). Ergänzt wurde das Termin-Set durch Aktionsmappen für die kommenden Jahre. Für jedes der fünf nächsten Jahre wurde eine eigene Aktionsmappe angelegt.

Beispiele für Papiere

In die Mappen der Wiedervorlage kommen Papiere wie:

- Hinweis, dass Verlängerung des Mobilfunkvertrages ansteht und über eine Prämie bzw. Gutschrift zu entscheiden ist
- Notiz, dass ein Zielsparvertrag endet und man drei Monate vor Vertragsablauf kündigen muss, wenn man am Ende der Vertragsdauer über das Guthaben verfügen möchte
- Ideen für Geburtstags- und Weihnachtsgeschenke
- Eintrittskarten für Konzerte

- Unterlagen, die mit Urlaubsplanung zu tun haben
- Hinweis auf Entscheidung, ob automatische Erhöhung im Zuge der Dynamisierung der Versicherungsverträge ausgesetzt werden soll (alle paar Jahre)

Der Kopf bleibt frei

Auf diese Weise bleibt der Kopf frei und es ist nicht zu befürchten, etwas Wichtiges vergessen zu haben.

Andere Anwender legen auch für ihr Auto, ihre Korrespondenzen, ihre Garantiescheine und Bedienungsanleitungen oder andere Dinge Mappen und Boxen an – der Einsatz ist überall dort sinnvoll, wo Papiere strukturiert aufbewahrt werden sollen.

Teil IV

Tipps für den Start

Kapitel 1

Durchdenken und dokumentieren Sie die Ausgangssituation

Wenn Sie das Buch bis zu dieser Seite gelesen haben, kennen Sie

- die Eigenschaften der Organisationsmittel von MAPPEI im Vergleich zu anderen Möglichkeiten,
- die Vielfalt der Instrumente, die Sie nutzen können,
- Ideen, wie sich die Arbeitsmittel im Alltag einsetzen lassen,
- konkrete Anwendungen in der Praxis.

Die Situation erfassen

Möglicherweise möchten Sie nun selbst erfahren, wie Sie von einem Umstieg profitieren können. Bevor Sie sich eine Grundausrüstung an Organisationsmitteln beschaffen, lohnt es sich, die momentane Situation zu erfassen (gern auch mit Fotos) und zu durchdenken. Die Ergebnisse werden Ihnen helfen, den tatsächlichen Bedarf genauer einzuschätzen.

Ist-Aufnahme

Zur Ist-Aufnahme gehört die Erfassung der

- Arbeitsabläufe,
- Schriftgutmengen (bestehende sowie durchschnittlich pro Zeiteinheit neu zugehende),
- Schriftgutarten,
- Büro- und Archivmöbel.

Auch wenn dieses Buch viele Tipps enthält: Der Aufbau eines intelligenten Organisationskonzepts ist anspruchsvoll. Das gilt umso mehr, wenn es um größere Einheiten wie Abteilungen oder ganze Unternehmen geht. Wohl aus diesem Grund stellt MAPPEI den

Interessenten Organisationsberater an die Seite. Sie helfen bei der Ist-Aufnahme und erstellen auf dieser Basis einen Organisationsvorschlag.

Allein oder mit Berater starten

Ob Sie von diesem (kostenlosen) Service Gebrauch machen oder die Produkte auf eigene Faust bei MAPPEI ordern und ausprobieren, müssen Sie selbst entscheiden. Möchten Sie ohne Beratung starten, sind vielleicht die vorkonfektionierten »Orga-Pakete« für Sie interessant, die im Katalog sowie im Webshop angeboten werden und verschiedenen Bedürfnissen entgegenkommen.

Ich selbst habe vom Kontakt zu meinem Organisationsberater jedenfalls profitiert. Ein Grund ist, dass sich die Berater den ganzen Tag mit nichts anderem befassen als mit der Verbesserung der Büroeffizienz und einem stressfreieren Arbeiten mittels der MAPPEI-Methode. Sie haben im Laufe ihres Berufslebens viele individuelle Herausforderungen kennengelernt, Lösungen entwickelt und auf diese Weise einen interessanten Erfahrungsschatz zusammengetragen.

Kennzahlen erheben

An dieser Stelle lade ich Sie dazu ein, noch eine andere Anregung zu berücksichtigen: Sollten Sie bereits darüber nachgedacht haben, prozessorientierte Kennzahlen im Büro zu erheben, wäre die Ist-Aufnahme ein guter Zeitpunkt, damit zu beginnen.

Ähnlich wie in der industriellen Produktion, in der das Erfassen von Kennzahlen schon lange an der Tagesordnung ist, lassen sich auch Verwaltungsprozesse messen. Mögliche Leistungsindikatoren sind zum Beispiel:

- Bearbeitungszeit
- Durchlaufzeit
- Suchzeit
- Zugriffszeit
- Reklamationsquote (auch intern)

Verschwendung aufspüren

Die Kennzahlen können Ihnen dabei helfen, Verschwendungen in den Prozessen aufzuspüren und die Arbeitsproduktivität zu verbessern, die – folgt man dem Lean Management Institut in Aachen – in der Verwaltung meist nur zwischen 50 und 60 Prozent liegt. Durchdachte Optimierungen können gleichzeitig zu verbesserten Kennzahlen sowie zu einem stressfreieren Arbeiten führen.

Kapitel 2
Erarbeiten Sie einen Aktensystemplan

Sinn des Aktensystemplans

Entscheidend ist das Konzept, nach dem jemand arbeitet. Es heißt nicht ohne Grund: »A fool with a tool is still a fool.« Auch jemand mit den besten Instrumenten in der Hand wird nicht viel bewirken, wenn er sie nicht durchdacht einsetzt. Auf MAPPEI bezogen heißt das: Die erworbenen Organisationsmittel helfen einem nicht weiter, wenn man keinen sinnvollen Aktensystemplan hat. Sinn eines solchen Plans ist es, eine einheitliche Ablagestruktur zu schaffen; er erleichtert das Zusammenspiel im Team und optimiert durch eine eindeutige Zuordnung auch die Arbeit am Einzelplatz. Er ist wie eine Art Koordinatensystem bzw. Landkarte.

Ein ausgefeilter Aktensystemplan ist die Basis eines guten Aktenmanagements. Er beantwortet die Frage, wo ein Dokument abzulegen ist – und damit auch die Frage, wo Sie etwas finden.

Bei komplexen Aufgaben Berater nutzen

Je komplexer die Situation ist, desto wichtiger ist es, beim Erarbeiten des Aktensystemplans einen MAPPEI-Berater einzubinden. Dann erhöhen Sie die Wahrscheinlichkeit, dass nichts Wichtiges übersehen wird. Diese persönliche Beratungsleistung kann ein Buch nicht ersetzen. Dennoch finden Sie hier Hinweise darauf, wie Sie beim Erstellen eines Aktensystemplans vorgehen können.

Drei Schritte

Das Erarbeiten eines Aktensystemplans besteht aus drei Schritten:

1. Festlegen der Hauptgruppen
2. Zuweisen der »Organisationsfarben«
3. Ausdifferenzierung einer Substruktur (nur bei Bedarf)

Schritt 1: Festlegen der Hauptgruppen

Aus der Praxis heraus

Zunächst legen Sie die Hauptgruppen des Aktensystemplans fest. Entwickeln Sie die Ablagestruktur am besten aus der unternehmerischen Praxis heraus. Ein einfaches Beispiel kann so aussehen:

- Kunden
- Lieferanten
- Personal
- Messe (z. B. für ein bestimmtes Projekt)

Die Umsetzung würde dann folgendes Bild ergeben:

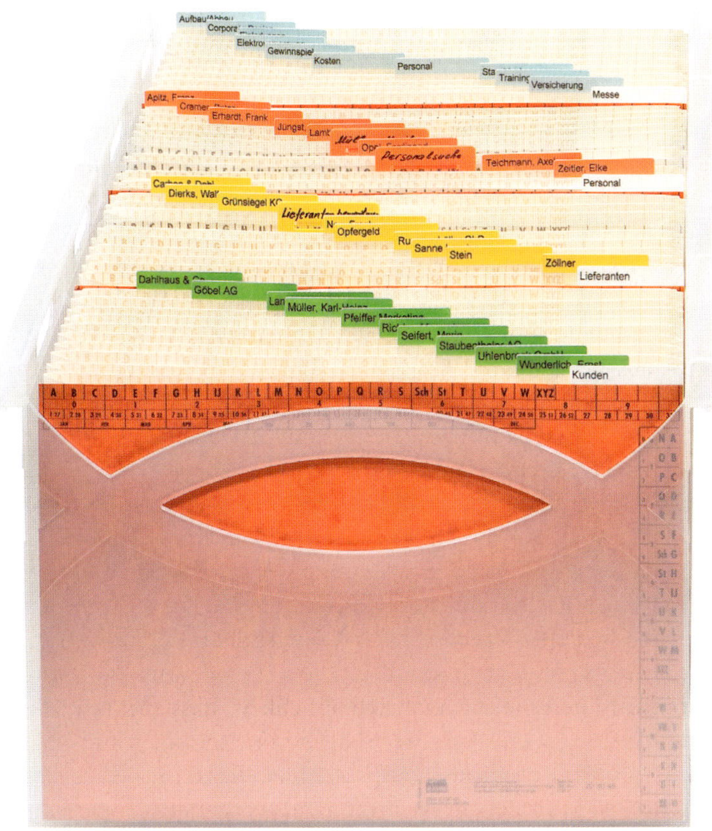

Beispiel für eine Struktur mit vier Hauptgruppen

Je größer die Organisationseinheit ist, für die der Aktensystemplan gelten soll, desto differenzierter wird er ausfallen. Als Richtschnur können Sie sich beim Erarbeiten an den Prozessen des Unternehmens ausrichten. Was ist damit gemeint?

Charakteristische Prozesse

In jeder Organisation gibt es charakteristische Prozesse und Strukturen. Manche Unternehmen unterscheiden

- *Kernprozesse* (z. B. Vertrieb, Arbeitsvorbereitung, Produktion, Versand – also die unmittelbare Wertschöpfungskette),
- *Stützprozesse* (z. B. Einkauf, Instandhaltung, Aus- und Weiterbildung, Liquiditätsplanung – die Stützprozesse sorgen für das Funktionieren der Kernprozesse) und
- *Führungsprozesse* (z. B. strategische Unternehmensentwicklung, Qualitätspolitik – die Führungsprozesse legen die Rahmenbedingungen für die Kern- und Stützprozesse fest).

Wenn Sie einen Aktensystemplan für das Gesamtunternehmen entwickeln, kann es hilfreich sein, sich an diesen Prozessen zu orientieren. Zumindest geben sie erste Anhaltspunkte.

Hauptgruppen

Im Ergebnis kann der Aktensystemplan zum Beispiel aus den folgenden Hauptgruppen bestehen:

- Finanzen
- Personal
- Verwaltung
- Entwicklung
- Absatz
- Organisation
- Beschaffung
- Leistungserbringung
- Recht/Versicherungen
- Geschäftsführung

Jede dieser Hauptgruppen bildet eine logische Einheit, in der alle zugehörigen Dokumente und Informationen sachgerecht eingeordnet werden können.

Angemessene Komplexität

Beim Bestimmen der Hauptgruppen gilt: So wenig Aktenplan wie möglich und so viel Plan wie nötig:

- Ist der Plan *nicht komplex genug,* wird Ihr Ablagesystem den Anforderungen Ihrer Organisation nicht gerecht. Es kommt zu Überlappungen. Man weiß dann beim Ablegen nicht immer gleich, in welche Gruppe eine Akte gehört.
- Ist der Aktensystemplan jedoch *zu* komplex, finden sich die Mitarbeiter nicht mehr zurecht und das System wird nicht gelebt.

Konkret: Fünf bis zehn Hauptgruppen sind okay. Zwanzig wären eindeutig zu viel (wobei MAPPEI bei Bedarf auch Reiter in insgesamt 20 verschiedenen Farben zur Verfügung stellt).

Schritt 2: Zuweisen der »Organisationsfarben«

Farben zuweisen

Ihrer Struktur weisen Sie nun »Organisationsfarben« zu. Jede Hauptgruppe bekommt eine eigene Farbe. Sie nutzen dazu die Farbskala, die Ihnen MAPPEI zur Verfügung stellt. Neben den Farben tragen Sie die Bezeichnung der jeweiligen Hauptgruppe ein.

Farbskala

00		
01		
02		
03		
04		
05		
06		
07		
08		
09		
10		
11		
12		

Je mehr Akten, desto wichtiger die Farben

Farben sind schneller erkennbar als Buchstaben und Ziffern. Deshalb sind sie ein zentraler Bestandteil der MAPPEI-Methode. Dabei gilt: Je größer die Zahl der Akten, desto wichtiger ist die Farbunterteilung.

Nutzen Sie MAPPEI nur innerhalb einer Abteilung (z. B. Verkauf) und haben Sie innerhalb einer Hauptgruppe sehr viele Akten (Kundenstamm mit 5.000 Kunden), können Sie die Farben auch für eine Farborganisation der Kunden zum Beispiel nach Postleitzahlgebieten nutzen. Wenn Sie freilich nur hundert Kunden haben, genügt in der Regel eine Farbe für alle.

Schritt 3: Ausdifferenzierung einer Substruktur (nur bei Bedarf)

Mit Untergruppen arbeiten

Haben Sie innerhalb der Hauptstruktur sehr viele Akten unterzubringen, dann – und nur dann – schaffen Sie ergänzend eine Substruktur. Verwalten Sie zum Beispiel eine sehr große Zahl von Mitarbeitern, kann es sinnvoll sein, zwischen Lehrlingen, Arbeitern und Angestellten zu unterscheiden. Weisen Sie in diesem Fall der jeweiligen Untergruppe eine eigene Farbe zu. Wenn Sie einen Reiter mit dieser Farbe ganz rechts an die Ordnungsmappe kleben, erleichtert dies die Orientierung.

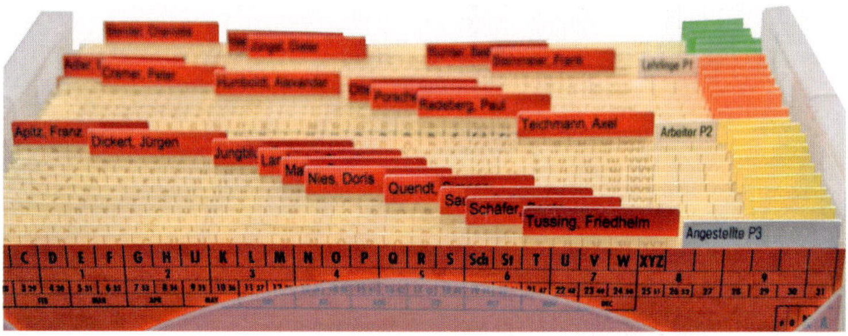

Zwei Reiter pro Mappe

Wie ein sehr stark ausdifferenzierter Aktensystemplan im Extremfall aussehen kann, sehen Sie im Beispiel auf der nächsten Seite. Jede Mappe hat dabei zwei Reiter:

- Die Farbe des 55 mm breiten Reiters wird von der Hauptgruppe bestimmt. Der Reiter trägt die Beschriftung und wird je nach Anfangsbuchstabe positioniert.
- Die Farbe des schmalen Reiters am rechten Rand der Ordnungsmappe richtet sich nach der Substruktur.

Vorteile des Aktensystemplans

Einen angemessenen Aktensystemplan zu entwickeln, bedeutet zunächst einmal Arbeit. Wurde der Plan ausgearbeitet und verabschiedet, profitieren Sie von mehreren Vorteilen:

- Die Aktencodierung ist für alle Bearbeitungsstufen einheitlich und berücksichtigt die firmenspezifischen Besonderheiten.
- Die Akten ermöglichen eine bessere Zusammenarbeit.
- Vertretungsregelungen verlieren ihren Schrecken.
- Für die gesamte Organisationseinheit sind schnellere Aktenzugriffe möglich.
- Das Archivieren und Wiederauffinden von Dokumenten ist unproblematisch.

55 mm Reiter

30 mm Reiter

	Finanzen	Personal	Verwaltung	Entwicklung		Absatz		Organisation	Beschaffung	Leistungs-erbringung	Recht/ Versicherungen	Geschäftsführung
a	Beziehungen: Haus-banken, sonstige, auch Leasing-Partner, Test	Personalbeschaffung und -entlassung	Grundstücke, Erwerb, Gestaltung und Verkauf	Produktentwicklung/ Sortimentsgestaltung		Marktbeobachtung (Absatzmärkte), Produkt-Marketing		Aufbau-Organisations-Fragen	Marktbeobachtung, Bezugsquellen-Sicherung	Produktions-planung	Rechtliche Beratung Vertragsfragen	Gesellschafts- u. Besitzverhältnisse, Gesellschafter
b	Finanzplanung lang-/mittel- /kurzfristig	Personalverwaltung Personalakten, Verträge, Unternehmen Öffentlichkeit	Gebäudegestaltung und -verwaltung, Betriebs- u. Wohngebäude	Produktionstechnische Entwicklung		Kunden- und Zielgruppen-Bearbeitung		Ablauf Organisations-Fragen	Lieferantenpflege	Arbeitsvorberei-tung, Auftragsbe-arbeitung	Rechtsstreitigkeiten	Beteiligungen, Verbindungen mit and. Unternehmen, Kooperationen
c	Finanzielle Sicherheiten, erhaltene und gegebe-ne, Immob. Belastungen	Tarif- und Vergütungsfragen Nebenentgelte, Über-sichten	Instandhaltung der Gebäude und Einrichtungen	Produkt-Dokumentation		Werbung für die Produkte		Organisationsmittel-Fragen, auch Vordrucke Arbeitsplatzgestaltung	Materialbeschaffung auch Import, Beschaffungslogistik	Produktionsmittel auswahl und -gestaltung	Beobachtung der Entwicklung der Gesetze und Vorschriften	Gesellschaftsverträge, Umwandlungen, steuerli-che Gestaltungen
d	Geldbestände, Zahlungsverkehr, Mahnwesen, Insolvenzen	Arbeitszeit-Gestaltung, Urlaub und Krankheit	Prod.-Mittel-Verwaltung und Instandhaltung	Qualitätswesen/ Zertifizierung, Produktverantwortung und -haftung		Organisation der Vertriebsfunktionen		Informations-Versorgung, Veröffentlichungen, Dokumentation	Einkauf großer Investitionsgüter	Erstellung von Werkzeugen/ Vorrichtungen		Registereinträge, Genehmigungen, entspr. Behördenbeziehungen
e	Buchhaltung, laufend	Personal-Abrechnung		Produktrechtsschutz, Patente, Lizenzen, WZ		Vertriebsprojekte		Ordnungs- und Arbeitssysteme	Dienstleistungen, Beschaffung	Zeitwirtschaft		Gesamtunternehms-Tätigkeit (übergr. Plg.)
f	Buchhaltungsab-schlüsse, Bilanzen	Personalvertretung Betriebsverfassung, Arbeitsrechtliche Vorschriften	Inventar- und Fuhrparkverwaltung			Preis- und Konditionengestaltun g		Organisatorische Einzel-Projekte	Wareneingang, Prüfung, Reklamationen	Fertigung Vor- und Endprodukte, Mat. Verbrauch	Versicherungs-Vorgänge	Organe des Unternehmens u. deren Tätigkei; auch (unserer) Mitglieder
g	Kapital- und Zinsverkehr, Konzernverrechnung	Personalausbildung und -entwicklung, Betr. Vorschlagswesen				Vertriebs-Planungen und Programme		Führung Mitarbeiter bzw. Einh., Disposition u. Anweisungen	Lagerhaltung für Materialien	Verarbeitungs-technik bzw. Mon-tage beim Kunden		Vollmachten an Personen, auch spez. für die Unterschriften
h	Controlling, Kostenrechnung	Arbeitsschutz, Unfallverhütung, Betriebssicherheit				Absatzfinanzierung		DV-Installation, Unterstützung, Hard- und Software Einsatz/Entwicklung		Lagerung in der Fertigung, Fertigungslogistik		Mitgliedschaften von/in anderen Institutionen
i	Betriebswirtschaftliche Auswertungen, Kennzahlen	Beziehungen, Sozialversicherer, Meldung der Arbeitnehmer i. d. Sozialversicherung	Steuerung, Betrieb u. Kontrolle der allge-meinen Dienste			Anfragen, Verkauf und Auftragsabwicklung, Versand			Verkauf, Verwertg. u. Entsorgung von Über-schüssen und Abfällen	Personaldisposi-tion in der lfd. Arbeit auf wech-selnde Plätze	Revision interne	Corporate Identity/Design, Entwicklung und Ände-rung, PR-Arbeit
k	Steuern auf Besitz, Betrieb und Ertrag, Zwangsbeiträge	Gestaltung freiwilliger Sozialleistungen				Fertigwaren-Lagerung, Distributionslogistik				Umweltschutz bezüglich Emis-sionen aus Pro-duktion/Produkten		Räumliche Verteilung/Dezentralisie-rung des Unternehmens
l	Statistische Meldungen an Behörden und Verbände	Gestaltung und Abwicklung der sozia-len Betreuung der Mitarbeiter				Kundendienst und Reklamationsabwick-lung				Entsorgung von Produktionsabfäll en u. Hausmüll		Organisationsentwick-lung: Konzeptänderung, Outsourcing u. ä.
m	Zoll-Verwaltungs-Funktionen, admin. Abwicklung von Importen/Exporten	Wohnungsversorgung für Mitarbeiter, Gestaltung und Betrieb										Geschäftsberichte, Auskünfte, Firmengeschichte, Archiv, Jubiläen, auch externe

Beispiel Klein- und Mittelständische Unternehmen

Kapitel 3
Lagern Sie das Material auf sinnvolle Weise

Sie haben eine Ist-Analyse erstellt und den Aktensystemplan erarbeitet? Das ist gut, denn dann verfügen Sie über eine solide Basis für die Entscheidung, wie Ihre Grundausstattung an Ordnungsmappen, Reitern, Ordnungsboxen und Zubehör aussehen soll. Sie können die Produkte nun bestellen.

Kleines Zentrallager

Nach dem Eintreffen sind die Arbeitsmittel zu lagern. Auch dafür gibt es einige Tipps. Häufig benutztes Material lagern Sie wie schon beschrieben in Greifnähe, da es täglich direkt zur Hand sein muss (›S. 140). Da Sie nicht den gesamten Bestand am Arbeitsplatz aufbewahren werden, richten Sie zudem ein kleines Zentrallager ein. Das ist vor allem dann sinnvoll, wenn in Ihrer Organisation mehrere Personen mit der MAPPEI-Methode arbeiten. Meist steht für die Aufbewahrung des Büromaterials bereits ein Schrank oder Regal zur Verfügung. Den Platz, der frei wird, weil Sie keine Ordner und so weiter mehr lagern müssen, können Sie für das Aufbewahren der Organisationsmittel von MAPPEI nutzen. Die Mappen können Sie entweder in den Kartons des Lieferanten belassen oder sie in Archivschachteln bzw. Standard-Ordnungsboxen oder einfach in die Regalfächer umfüllen wie nachfolgend gezeigt.

Kanban-Karten nutzen

Ganz gleich, auf welche Weise Sie die Dinge bevorraten: Sie müssen verhindern, dass das Material ausgeht. Dies kann mit Kanban-Karten geschehen (Kanban = jap. »Karte«, »Tafel« oder auch »Beleg«). Die Idee zum Einsatz solcher Karten verdanke ich Jürgen Kurz (www.für-immer-aufgeräumt.de).

Es wird dabei ein Mindestbestand festgelegt. Wird diese Mindestmenge unterschritten, erkennt das der Entnehmer anhand eines Signals. Er löst dann die Nachlieferung aus.

Negativ-Szenario

Wie funktioniert das? Zunächst ein Negativ-Szenario:

- In einem Unternehmen werden Ordnungsmappen in einem zentralen Schrank deponiert. Verantwortlich für die Nachbestellung von Büromaterial ist der zentrale Einkauf.
- Die Mitarbeiter nehmen sich die benötigten Ordnungsmappen eigenverantwortlich aus dem Schrank. Entnimmt ein Mitarbeiter die letzte Mappe, freut er sich, dass er noch eine bekommen hat, informiert aber nicht den zentralen Einkauf.
- Der nächste Mitarbeiter, der Ordnungsmappen braucht, hat leider Pech gehabt.

Positiv-Szenario

Nun das Positiv-Szenario – dank Kanban:

- Sie lagern die Ordnungsmappen in einem beschrifteten Regalfach.
- Im Regalfach befindet sich eine Kanban-Karte, die das Erreichen des Mindestbestands signalisiert.

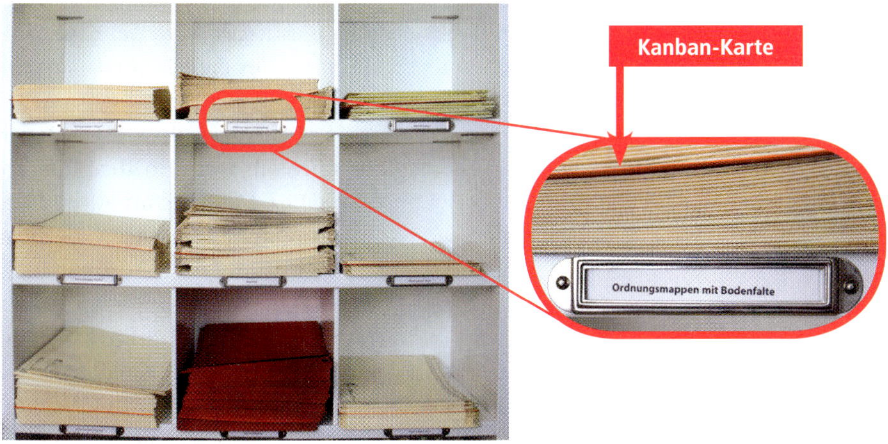

- Ist der Mindestbestand erreicht, gibt der Mitarbeiter die Kanban-Karte an den zentralen Einkauf weiter.
- Der Einkauf bestellt neue Ordnungsmappen. Nach dem Eintreffen wird die Kanban-Karte zusammen mit den gelieferten Mappen wieder in das Regalfach gelegt.

Beispiel für eine Kanban-Karte (auf Basis einer Leitkarte)

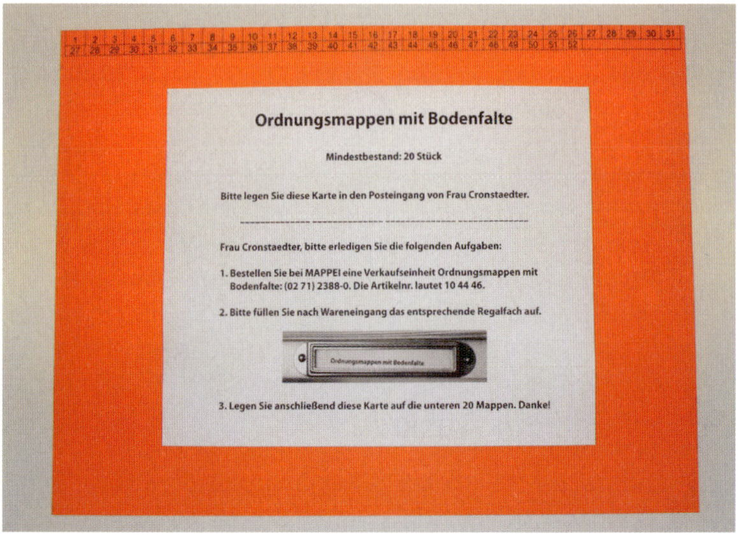

Viele Vorteile

Steuern Sie Ihre Bestände mit Kanban, hat dies viele Vorteile:

- Es ist immer das nötige Material vorhanden.
- Die Überwachung erfolgt »automatisch« durch die Kanban-Karten.
- Da immer genug Material vorrätig ist, muss niemand warten. Das Ergebnis sind flüssigere Prozesse.
- Durch das selbststeuernde Kanban-System orientiert sich die Höhe der Bestände am tatsächlichen Bedarf und somit an der Verbrauchsgeschwindigkeit.

Zu beachten

Darauf kommt es an:

- Berücksichtigen Sie beim Festlegen des Mindestbestands Nachfrageschwankungen. Bis zum Eintreffen des Nachschubs muss genug Material im Bestand sein – auch wenn der Artikel in dieser Zeit stärker nachgefragt wird. Der Mindestbestand kann daher vor allem bei billigen Produkten etwas höher sein. Eine Mappe wird dann teuer, wenn sie nicht vorhanden ist.
- Die Bedarfssteuerung per Kanban können Sie auch bei anderen Produkten anwenden, die Sie bevorraten. Bei Material, das altert, gilt das First-In-First-Out-Prinzip (FIFO). Das heißt beispielsweise für neue Tonerkartons, dass diese im Materialschrank hinter die dort vorhandenen Kartons gestellt werden, denn das vorhandene Material muss zuerst verbraucht werden.

Kapitel 4
Gedanken zum Ausklang

Ohne Selbstdisziplin geht es nicht

Wenn ich volle Schreibtische sehe, frage ich bei ihren Besitzern schon mal nach, warum sie keine Ordnung schaffen. Neben der »Das Genie beherrscht das Chaos«-Antwort (›S. 55f.) heißt es oft, es würde ja eh nichts bringen. Würde heute aufgeräumt, dann sähe es in wenigen Tagen wieder genauso aus. Bei einem herkömmlichen Herangehen mag das stimmen. Wer jedoch nicht nur aufräumt, sondern auch gleichzeitig neue Gewohnheiten einübt, kann Ordnung herstellen, die nachhaltig ist. Freilich, das geht nicht ohne ein Mindestmaß an Selbstdisziplin. Viele Anwender erleben den Umgang mit den Organisationsmitteln von MAPPEI allerdings als angenehm, manche sogar als Vergnügen. Das – sowie die beim Arbeiten entstehenden Strukturen – macht die Sache mit der Selbstdisziplin einfacher.

Geduld ist gefragt

Das Arbeiten mit MAPPEI ist eine Investition, die sich in der Zukunft auszahlt. Anfangs kostet es eben etwas mehr Kraft, da das Anlegen von Mappen aufwendiger ist als das Dulden von Stapeln. Von den deutlich kürzeren Suchzeiten und dem strukturierteren Arbeiten profitieren MAPPEI-Anwender später enorm. Um den tatsächlichen Erfolg der Umstellung zu erkennen und zu spüren, braucht es ein bisschen Geduld.

Eine einheitliche Ablagestruktur macht es zwar möglich, dass jeder im Team alles findet, auch wenn Kollegen mal auf Reisen oder krank sind. Voraussetzung ist aber, dass der Aktensystemplan auch bekannt ist. Vergessen Sie also nicht, den Aktensystemplan auch neuen Mitarbeitern zu erklären und sie in das Arbeiten mit der MAPPEI-Methode einzuführen. Möglicherweise können Sie dazu auch dieses Buch nutzen, zumindest für Teilbereiche. Sparen Sie sich die Mühe, wird es unter Umständen nicht lange dauern, bis der neue Mitarbeiter Hebelordner in den Regalen unterbringt und seine Wiedervorlage mit einem Pultordner organisiert, da ihm diese Organisationsmittel vertrauter sind und er vor der Arbeit mit MAPPEI zurückschreckt.

Der 3-H-Ansatz

Die Handhabung anderer Lösungen – ob nun mit Hebelordnern oder Hängemappen – hat sich oft tief eingeschliffen, und es ist etwas Zeit nötig, bis die Vorteile der neuen Organisationsmittel erkannt werden und diese nicht mehr wie eine Bedrohung wirken. Denken Sie in diesen Fällen einfach an den »3-H-Ansatz«: *H*artnäckige *H*öflichkeit *h*ilft!

Lieber kleine Schritte

Hilfreich ist es außerdem, nicht so viel auf einmal zu wollen. Gehen Sie lieber kleine Schritte – und die dafür nachhaltig. Was dies bedeutet, lässt sich an der Frage aufzeigen, wie Sie mit der vorhandenen Ordnung umgehen sollen. Sollen Sie auch alte Unterlagen in Ordnungsmappen überführen? Sollen Sie bestimmte Bereiche parallel mit Hebelordnern, Hängemappen und anderen Organisationsmitteln weiterlaufen lassen? Bei mir war es so, dass ich den Einsatz der Organisationsmittel von einem Tag auf den anderen umgestellt habe. Alle Papiere, mit denen ich von diesem Tag an zu tun hatte, organisierte ich mit den für mich neuen Ordnungsmitteln. Darum, wie ich es bisher gemacht hatte, kümmerte ich mich nicht mehr besonders. Das hat funktioniert.

Unterlagen zu laufenden Projekten, die noch in anderen Behältnissen steckten, ordnete ich neu. Das tat ich nicht auf einen Schlag, sondern immer dann, wenn ich mit einem Aktenordner oder dergleichen Berührung hatte und sah, dass ich die Papiere noch häufiger benötigen würde. Hier hat sich das Umsortieren gelohnt. Bei Altakten warte ich einfach, bis sie entsorgt werden können – sie umzusortieren, würde sich nicht auszahlen.

Erträglicher Aufwand

Wenn auch Sie so vorgehen, dann verteilt sich der Aufwand auf ein erträgliches Maß. Mit jedem Ordner, den Sie auflösen, gewinnen Sie außerdem Platz, was ein zusätzlicher Anstoß sein kann, die nötige Mühe in Kauf zu nehmen.

Kennzahlen erneut messen

Arbeiten Sie schon einige Zeit mit der MAPPEI-Methode und haben Sie zu einem früheren Zeitpunkt Kennzahlen gemessen (›S. 205), dann ist es interessant, die Kennzahlen erneut zu erheben, falls Sie dies nicht ohnehin bereits tun. Sie sollten spürbare Verbesserungen feststellen können.

Wer bei Verbesserungsbemühungen noch einen Schritt weiter gehen mag, kann die Ergänzung einer RFID-Lösung in Erwägung ziehen. Dabei werden Ordnungsmappen mit Funketiketten versehen – sie werden aufgeklebt.

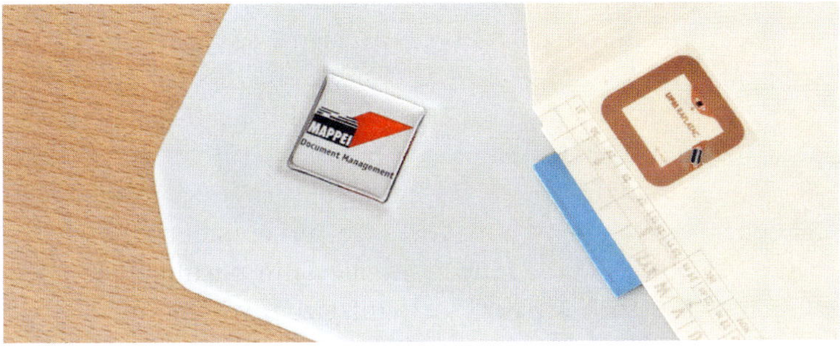

RFID-Lesestation und Ordnungsmappe mit Funketikett

Als Etiketten werden normierte »Smart Labels« verwendet, die mit dezentralen RFID-Lesestationen erfasst und verfolgt werden. Die Informationen werden an eine Datenbank kommuniziert. Die Nutzer können von ihrem Arbeitsplatz aus feststellen, wo sich ein Dokument befindet. Das kann zum Beispiel für Krankenhäuser, Banken, aber auch Anwaltskanzleien, Gerichte und ähnliche Einrichtungen interessant sein, in denen Akten während der Bearbeitung mehrere Abteilungen und Büros durchlaufen bzw. von mehreren Personen bearbeitet werden.

Vorteile der RFID-Technik

Der Einsatz der RFID-Technik bei Akten ermöglicht die Rückverfolgbarkeit des bisherigen Aktenumlaufs. Der Arbeitsfortschritt wird transparenter. Das System kann automatisch an Fristen erinnern. Zudem entsteht ein Überblick über die Prozesse und damit ein Ansatzpunkt für Verbesserungen des Workflows.

www. ordnung-ohne-stress.de

Ob Sie nun »normaler« MAPPEI-Anwender sind oder mit ausgefeilten RFID-Lösungen arbeiten: Sie sind eingeladen, auf der Website zum Buch www.ordnung-ohne-stress.de weitere Ideen kennenzulernen und Ihre Erfahrungen auszutauschen. Ich freue mich darauf, dort von Ihnen zu lesen!

Stichwort- und Namenverzeichnis

Ablage
- differenzieren **146**
- eines Vorgangs **26f.**
- hängend **20**
- liegend **18**
- stehend **19**

Ablagestruktur **129**
Ablenkung **50**
Aktenordner **33, 38, 46, 53, 71**
Aktensystemplan **50, 57, 206ff., 215**
Aktentasche **44f.**
Aktentrennung **43**
Aktionsmappen **89**
»Aktive Projekte« **149**
Allen, David **148**
Allstoff-Schreiber **97**
Anlegen einer neuen Akte **25f.**
Archiv **7, 39, 131, 158**
- -schachteln **110f., 179**

Attention Deficit Trait **48**
Aufmerksamkeit **48, 126**
Aufschieberitis **51**
Außendienstmitarbeiter **168**

Beierle, Beate **166f.**
Beschriftungsgerät **97**
Brother **97, 175**
Brutto-Netto-Verhältnis **35f.**
Bürofachhandel **68**
Bürofrust **53**
Büro, papierloses **14f.**
Bush, Vannevar **15**

CD-Tasche **116**
Chaos **7, 55, 179**
Classei **9**
Clear-Desk-Policy **124**

DekaBank **165f.**
Deutsche MTM-Vereinigung e.V. Siehe MTM-Vereinigung
Digitaldruck **15**
DIN-Norm **22**
Doppelstehhefter **83**
Drucker **15**
DVD-Tasche **116**

Einstellmappen **19, 67**
Ergänzungsmappen **81**

Fächermappen **82, 193, 198**
Farbcodierung **58**
Farbskala **95, 192, 209**
Fehler **59**
Fensterreiter **94**
Flexibilität **40, 41, 43, 45f., 156**
Folienreiter **94, 97, 139**
Fraunhofer-Institut für Produktionstechnik und Automatisierung IPA **31**
Fruststufen **53f.**

Gehaltsabrechnungen **200**
Gewohnheiten **69, 71, 120, 136**
Gitterboxen **104**
GTD (Getting Things Done) **45f., 148ff.**

Handtasche **178**
Hängemappen **35ff., 46, 53, 71**

Hängeregistratur **20**
Hauptgruppen **207**
Haus des Lebens gGmbH **183**
Hebelordner **67**, **70**
Heftvorrichtungen **67**, **115**
Hildebrand, Mirjam **174ff.**

Identitäts-Prinzip **128f.**
Inkubator **149**
ISO 15489 **22**
Ist-Aufnahme **204**

Jahresabschnittsziele **154**

KAIZEN Institute **16**
Kanban-Karten **212f.**
Kennzahlen **205**, **217**
Kombimappen **81**
Konzentration **126**
Konzentrationsschwäche **48**
Konzentrierter arbeiten **47**
Kopierer **15, 87**
Kosten **62f.**
Kreativität **7**
Kriterien für Ablagesysteme **23**
Kundenmappen **169**
Kurz, Jürgen **56**, **136**, **212**

Langfristziele **153f.**
Laserstrahl-Prinzip **126**
Lean Management Institut **205**
Leitkarten **42**, **91**, **129**, **144**, **177**, **194**, **214**
»Lesen«-Box **137f.**

MAPPEI-Ordner **70, 85**, **193**
Mappenstütze **103**
Mappothèque **58**, **74**, **118**, **185f.**
Materialkosten **65**
Memex **15**
Memoblätter **109**, **152f.**, **156**
Memory-Boards **109**, **152f.**, **157**, **191**
Methodenzeit **26**
Methods-Time-Measurement **26**
Monatsmappen **143**
MTM-Vereinigung **25ff.**
Multitasking **126**

Nedschroef Plettenberg GmbH **188ff.**
Neigungen, persönliche **132**
»Next Actions« **150**

Ordnerstruktur im Computer **128**
Ordnung **61**
Ordnungsboxen **74**, **77**, **101ff.**, **113**
  aus Acrylglas **107**
  aus Hartpappe **105**
  zur lateralen Ablage **106**
Ordnungsmappen **74f.**
  aus PVC **90**
  mit Bodenfalte **80**
Organisationsberater **62**, **68**, **205**
Organisationsfarben **209**
Organizer **108f.**, **152**, **191**
OTTO-CHEMIE **169**
Out-Mappe **60**, **116**

Papier
  -flut **15**
  -kiste **122**, **137**
  -verbrauch **15**
Parkinsonsches Gesetz **131**
Pendelregistratur **20**
persolog-Persönlichkeits-Modell **132**
Personal
  -akte **184**
  -kosten **63**
  -verwaltung **183**
Platzbedarf. *Siehe* Raum gewinnen
Platzersparnis **167**
Posteingang **122**, **135ff.**
PRESTIGE-Mappen **88**, **96**, **139**
Prinzip der bewussten Reduktion **130**, **131**
Prinzipien **120ff.**
Prokrastination **51**
Prozesse **208**
Prozessphasen **147**
P-Touch **97**, **175**
Pultordner **141f.**

Raum gewinnen **33ff.**
  in der Breite **33ff.**
  in der Höhe **38**
Raumkosten **64**
Rechtliche Betreuung **174**
»Referenzmaterial« **151**
Registraturkosten **63**
Reisevorbereitung **43**
Reiter **59**, **74**, **91ff.**, **159**
  beschriftete **94**
  -Farben **95**
  -positionen **35**
  Positionieren der **100**

RFID-Lösung **217**
Rollcontainer **36f.**, **41**, **140**
Rollierende Archivierung **131**
Rommert-Regel **130**
Rückenschild **114**
Rückgriff auf ein bestimmtes Dokument **28f.**
Rückverfolgbarkeit **217**
Sammler **112f.**

Scherer, Hermann **180ff.**
Schreer, Klaus **168ff.**
Schriftgut
-behälter **18**
-verwaltung **22**
Seitenklappen **75**, **82**
Sekretariat **165ff.**, **189**, **192**
Selbstklebereiter **93**
Selbsttest **10ff.**
Singletasking **126**
Smart Labels **217**
Sofort-Ordnung **54**, **70**, **121f.**
Sonderfarben **96**
Stapel **69**, **123ff.**, **179**
-losigkeit **123ff.**
Steh
-ablage **19**
-hefter **83**
-sammler **19**
Steuererklärungen **200**
Stufenständer **52**, **108**, **172**
Substruktur **210**
Suchen **54**
Suchzeiten **30f.**

Tages
-besprechung **191**
-mappen **143**
-ziele **156**
Team **55f.**
Teleskopauszug **118**, **170**, **195**
Terminverwaltung **41**
To-do-Punkte **137**, **153**
To-do-Speicher **191**
Transporttasche **117**, **171**

Unordnung **61**
Unsicherheiten **66**
Utensilien aufbewahren **140**

VARIO-Dehnhefter **85ff.**
VARIO-Dehnmappen **84**
Vereinzeln **42f.**
Verhaltensdimensionen **132ff.**
Verschwendung **205**
Versicherungsunterlagen **198**
»Vielleicht/Irgendwann« **149**
Visitenkartentasche **114**
Vodafone **32**
Vorgänge mit sehr kurzer Verweildauer **139**
Vorsätze **120**
Vortragsmanagement **180**

»Warten auf« **46**, **149**
Weber, Winfried **55**
Wechseltasche **113**
Wiedervorlage **41**, **49**, **141ff.**, **151**, **166**, **176**, **187**, **190**, **196**, **201**
Wochen
-überblick **46**
-ziele **155**
Wohnungsverwaltung **199**
Workflow **217**

Zeitbedarf **25ff.**
Ziele **54**
Ziel
-kategorien **153**, **157**
-management **152ff.**
Zubehör **112ff.**
Zugriff auf einen bestimmten Vorgang **27**
Zweckform **169**

Danke!

Viele Personen haben zum Entstehen dieses Buchs beigetragen. Ihnen möchte ich ausdrücklich Danke sagen:

- *Sascha Müller-Harmsen (www.samkomm.de)* – ohne Deinen Tipp hätte ich MAPPEI viel später oder vielleicht nie kennengelernt.
- *Peter Kohten* – als Organisationsberater der Firma MAPPEI haben Sie mir dabei geholfen, meine Produktivität im Büro spürbar und nachhaltig zu verbessern.
- *Das MAPPEI-Team* – stellvertretend seien Michael Kaiser-Uebelhoer sowie die Organisationsberater Ernst Müller, Axel Ueberschär und Hedwig Hubatschek genannt. Sie haben sich Zeit für meine Fragen genommen und mich mit vielen guten Tipps aus der Praxis versorgt.
- *Jürgen Kurz (www.für-immer-aufgeräumt.de)* – danke für die anregenden Gespräche! Ihre Ideen als unabhängiger Experte für Büroeffizienz sind wertvoll und funktionieren. Einige davon habe ich auf die Organisationsmittel von MAPPEI angewendet, und ich profitiere täglich davon!
- *Helmut Großkopf (www.life-team.de)* – von Ihnen habe ich gelernt, wie wertvoll die Wochenplanung ist.
- *Ivan Blatter (www.blatternet.ch)* – der Austausch mit Dir ist einfach inspirierend!
- *Sieglinde Pietsch (www.pietsch24.de) und Bettina Ebert (www.inordnung-ol.de)* – Sie haben mir gute Anregungen gegeben.
- *Jürgen Jung (www.mappei.com)* – Sie haben all meine Fragen, auch die kritischen, kenntnisreich und überzeugend beantwortet und mir gestattet, das Muster eines Aktensystemplans zu veröffentlichen.

Außerdem danke ich meinen Gesprächspartnern, die mir beim Erarbeiten der Praxisbeispiele geduldig alle Fragen beantworteten:

- Beate Beierle, DekaBank (www.dekabank.de)
- Klaus Schreer, OTTO-CHEMIE (www.otto-chemie.de)
- Mirjam Hildebrand, Rechtliche Betreuung (www.yellop.org)
- Hermann Scherer, Unternehmen Erfolg GmbH (www.unternehmen-erfolg.de; www.hermann-scherer.com)
- Reinhard Böhm, Haus des Lebens gGmbH (www.hdl-herborn.de)
- Kerstin Joan König, Nedschroef Plettenberg GmbH (www.plettenberg.nedschroef.com)

Schließlich gehört mein Dank dem Autor, Redner, Dozent und Trainer Walter Simon (www.profsimon.de). Vor Jahren habe ich als Lektor einige Ihrer Bücher betreut. Dabei habe ich viel gelernt, nicht zuletzt zum Thema Arbeitsorganisation.

Frank-Michael Rommert (fm.rommert@ordnung-ohne-stress.de)

Tipps zum Weiterlesen

Hier finden Sie eine Auswahl interessanter Quellen:

- *www.ordnung-ohne-stress.de* – dies ist die Website zum Buch. Hier finden Sie ergänzendes Material sowie die Möglichkeit, eigene Lösungen auf MAPPEI-Basis darzustellen.
- *www.mappei.com* – auf der Website des Herstellers finden Sie einen Shop mit zahlreichen Produktinformationen sowie die Kontakte zu den Organisationsberatern.
- *Jürgen Kurz: Für immer aufgeräumt – Zwanzig Prozent mehr Effizienz im Büro. Offenbach: GABAL Verlag.* Jürgen Kurz liefert in seinem Buch Tipps, wie Sie Ordnung und Sauberkeit schaffen, Ihre Bürorganisation standardisieren, Arbeitsprozesse optimieren und mit Zielen und Kennzahlen arbeiten. Seine Website: www.für-immer-aufgeräumt.de.
- *www.imgriff.com* – dieses Blog stellt Ideen und Tools vor, die Ihnen dabei helfen, produktiver zu werden.
- *www.davidco.com* – dies ist die (englischsprachige) Website von David Allen, dem Urheber von »Getting Things Done« (GTD). Sein Internetangebot enthält auch ein Forum: www.davidco.com/forum.
- *www.dingegeregeltkriegen.de* – hier finden Sie ein deutschsprachiges GTD-Forum.
- *www.zeitzuleben.de* – der Online-Ratgeber liefert unter anderem Beiträge zu den Themen Arbeitstechniken und Produktivität.
- *www.karrierebibel.de* – die Website des Autors Jochen Mai liefert zahlreiche Tipps und Links zu Produktivität, Kreativität, Effektivität & Co.